設計者のための
実用 めっき教本

榎本利夫／佐藤敏彦【著】

日刊工業新聞社

はじめに

　つい最近まで、「めっき処理の発注者」と「めっき会社」の関係は、「餅は餅屋」の関係であった。それは「何事もそれぞれの専門家がいるので、専門家に任せるのがいちばんよい」という伝統的な考えに基づいていた。だから、「めっき処理の発注者」が「めっき技術」を学ぶことは少なかった。

　しかし、最近のRoHSやREACHなどに代表される欧州化学物質規制やグリーン調達システムの普及で、「餅は餅屋」の状況が一変した。めっき処理した市販製品に基準を超える有害な化学物質が含まれていた場合は、「めっき処理をしためっき会社」ではなくて、「めっき処理した製品を販売した会社」が市場から製品の回収を命じられて膨大な経済損失と社会的信用の喪失を被る。この制度が欧州だけではなしに世界中に広まりつつある。

　それ故、「めっき処理の発注者」は「めっき技術」を学んで化学物質規制に違反しないように「めっき会社」との協調が必要になった。そして、「めっき処理の発注者」と「めっき会社」はサプライ・チェーンの構成メンバーとして技術的に緊密になることが要請されている。

　従来型の両社の懇談ではない。「めっき処理の発注者」は発注先のめっき会社の工場内でめっき作業状況を視察して、操業状況の報告を受ける。使用しているめっき薬品メーカーの社名、めっき薬品の商品名と型番をメモして、使用しているめっき薬品のMSDSシートをコピーしてもらって持ち帰る。さらに、……。

はじめに

「めっき処理の発注者は餅屋と同程度に、餅を上手に焼くコツを学んでおく必要がある」との趣旨で本書を執筆した。本書の大半は、めっき業界に多年かかわってきた榎本利夫が担当した。なお、この際、友人に多大の協力をいただいた。彼の協力なくして本書は実現しなかった。

第6章と第7章は共著者の佐藤敏彦が担当した。第6章では年々と変化している欧州化学物質規制やグリーン調達、企業の各種コンプライアンスや社会的責任（CSR）を概観した。第7章では、欧州化学物質規制でも求められている「化学リスク削減のための代替技術開発」と関連して「ハイブリット手法によるめっき技術の開発」を提案する。

著者を代表して　　榎本利夫

2013年6月吉日

目　次

はじめに……………………………………………………………001

第1章　めっきについて

1.1　めっきとは何か………………………………………………008
1.2　日本でのめっき技術の発展…………………………………008
1.3　電解めっきの基本……………………………………………010

第2章　めっきの要点

2.1　めっき工程……………………………………………………012
2.2　前処理工程……………………………………………………014
2.3　後処理…………………………………………………………022
2.4　めっき作業の治具……………………………………………023
2.5　被めっき物の浴中の位置……………………………………028
2.6　めっき浴のろ過と撹拌………………………………………029
2.7　めっき厚さの計算法…………………………………………029
2.8　めっき作業に必要な資格や免許……………………………030

第3章　電気めっきの実際

3.1　銅めっき………………………………………………………034
3.2　ニッケルめっき………………………………………………039
3.3　すずめっき……………………………………………………050

目次

3.4 亜鉛めっき ……………………………………… 053
3.5 金めっき ………………………………………… 059
3.6 銀めっき ………………………………………… 063
3.7 クロムめっき …………………………………… 066
3.8 パラジウムめっき ……………………………… 070

第4章　各種めっきの選定基準

4.1 めっきする目的の確認 ………………………… 074
4.2 めっき部品の設計要領 ………………………… 078
4.3 目的別めっき膜の選択基準 …………………… 086

第5章　各種めっきの不具合事例と対策事例

5.1 銅めっき ………………………………………… 096
5.2 ニッケルめっき ………………………………… 098
5.3 すずめっき ……………………………………… 102
5.4 亜鉛めっき ……………………………………… 115
5.5 金めっき ………………………………………… 117
5.6 その他のめっき ………………………………… 122

第6章　欧州化学物質規制と、その波及効果

6.1 「公害問題」から「欧州化学物質規制」へ ……… 126
6.2 環境省のホームページに掲載されているイラスト ……… 127
6.3 ローカルな「欧州化学物質規制」からグローバルな「製品含有化学物質規制」へ拡大 ……………………………………… 128

6.4 無料のオンラインエ映像教材で化学物質規制への理解を深める方法
　　（その1） ·· 130
6.5 無料のオンライン映像教材で化学物質規制への理解を深める方法
　　（その2） ·· 135
6.6 化学物質規制から生まれた「グリーン調達」·································· 138
6.7 グリーン調達と「サプライチェーン」·· 140
6.8 CSRとCSR調達 ·· 141
6.9 官公庁の「製品含有化学物質規制」などに関するパンフレットの紹
　　介 ·· 142
6.10 まとめ ·· 145

第7章　ニーズ志向の技術開発とシーズ志向の技術開発

7.1 持続可能な社会のための研究開発 ·· 148
7.2 技術開発のための情報収集 ·· 148
7.3 ニーズ志向の技術開発事例 ·· 151
7.4 シーズ志向の技術開発事例（その1）·· 153
7.5 シーズ志向の技術開発事例（その2）·· 154
7.6 まとめ ·· 160

索引 ··· 162

第1章
めっきについて

● 第1章　めっきについて

1.1　めっきとは何か

　金属または非金属の表面を金属の薄い皮膜で密着被覆する技術を「めっき」という。例としては文房具、アクセサリー、自動車部品、自転車などの防錆・防蝕のためにめっきされた部品があげられる。これらは非常に多く、工業製品にはなくてはならない技術である。近年では機能性も重要視されるようになっており、製品を製作するうえでの重点技術とされ、各種電子部品、特に携帯電話、コンピューター基板、端子類、太陽電池の部品などの電子工業分野にも広く応用されている。

　めっきの方法には大きく4種類があげられる。電解めっき（電気めっき）、化学めっき、溶融めっき、無電解めっきである。めっきの定義を振り返ってみると、薄い金属で密着被覆する技術であるので、蒸着やスパッタ、CVD（化学気相成長）、溶射などの通常の乾式製膜技術全般もめっきの一種である。溶けた金属中に製品を浸漬してその金属で被覆する溶融めっきで有名なものとしては、溶けた亜鉛で被覆するトタン、溶けたすずで被覆するブリキがあげられる。

　本書では、しかし、一般的にめっきとはというときに使用される電解めっき法を中心に解説する。なお、ニッケルめっきの部分で第4の無電解めっきにも簡単に触れる。

1.2　日本でのめっき技術の発展

　古代日本における最大事業の一つとして、奈良・東大寺の大仏の作製があげられよう。周知のとおり、本大仏は金めっきがなされている。この大仏には現在の電解めっきとは全く異なる以下の方法で、金めっきがなされた。すなわ

1.2 日本でのめっき技術の発展

ち、粉末にした金に水銀を加えて、金と水銀の合金（アマルガム）を作製する。このアマルガムは室温で液体状態になっている。この液体は大仏など被加工体に塗ることができる。その後、松明の炎で表面を炙る（加熱する）と水銀が蒸発し、金のみが析出し金めっきが完成するという焼付けめっきという手法がとられた。この時代から、上述の電解めっき法が発明される19世紀までは、例えば、刀の飾り具や簪（かんざし）などへの金めっき法・銀めっき法を用いた装飾は、大仏と同様の方法で行われてきた。

上述のように、金を水銀と混ぜて、液体化するため、金がその黄金の光沢を失い、一旦は、金に見えなくなることから、この方法を「滅金」と古代人は表記した。時代が下がるにつれて、金を表面に塗布することからの当て字といわれている「鍍金」（ときん、めっき）と呼ばれるようになった。現代では鍍金の「鍍」の字が漢字制限で使用不可となったため、「めっき」と呼ばれている。なお、上述のように、めっきはあくまで日本語であるため、外来語に使用される、カタカナ表記よりはひらがな表記のほうが学術的には正しいといわれている。本書でも、「めっき」と表示する。

世界史で見れば、ボルタの電池として有名なボルタが電池を発明した18世紀末から電気化学という技術分野の研究が始まり、19世紀初頭に、まず銅と銀の電解めっき技術が確立した。これを受けて、幕末の1830～40年にイギリスと交易していた島津斉彬（薩摩藩藩主、有名な篤姫の父親）が日本で初めて電気めっきを導入し、島津家の鎧、兜に応用したと伝えられる。

ただ、実際には、明治以降に金・銀・銅めっきが行われるようになり、それ以降、ニッケルや亜鉛、黄銅めっきが開発された。特に、第二次世界大戦以降の技術の進歩は目覚しく、各種光沢剤による光沢めっきの進歩、高能率浴の開発、設備の大型化・自動化が行われてきている。また、無電解めっきが発明されたのも戦後である。

1.3 電解めっきの基本

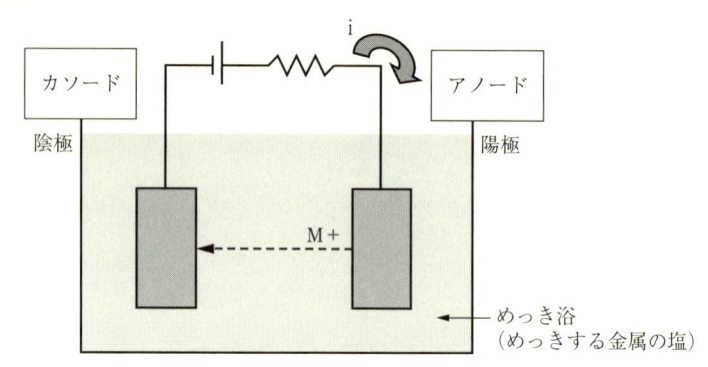

図1-1 電解めっきの原理

電気めっきの原理を**図1-1**に示す。

電気めっきの定義は、めっきしようとする金属あるいは不溶性金属をアノード（陽極）として、その金属塩を電解液として陰極の品物に金属を析出させる方法となっている。すなわち、陽極では金属の溶解（電子を遊離する酸化反応）が生じ、陰極では金属の析出（電子を固定する還元反応）をおこさせて、金属の被膜をつくる技術である。

電気めっきを支配している要因は当然ながら、陽極金属をイオン化するために必要なめっき浴の電圧と電流密度である。また、浴温度、撹拌の有無、pH、めっき液の電導度、浴の組成である。これらが複雑に絡み合って、目的のめっき膜を形成するのが、電気めっきの基本である。

第2章
めっきの要点

第2章 めっきの要点

2.1 めっき工程

　工程とは仕事の順序であり、めっき作業を大別すると、前処理工程、めっき工程、後処理工程の3つに分類される。前処理工程は被めっき物の素材の種類、表面状態によって異なる。それぞれの工程を理解し、工程の標準化と工程管理を行い、常によいめっきができるように心掛けなければならない。
　一般的なめっきの標準工程を**表2-1**に示す。
　素材の前加工により、部品の形状を確保する工程がある。この工程の後に、各部品は設計者の図面指定により、いよいよ専門のめっきメーカーによってめっきに供されることになる。
　めっきメーカーでは、めっき工程の前に各種前処理と呼ばれる工程を行う。

表2-1　素材別のめっき基本工程

基本工程	前加工 →	前処理工程 →	めっき工程 →	後処理工程 →	後加工
一般	素材加工（成形） 研磨加工（と粒加工）	脱脂（浸せき、初段電解） エッチング（浸せき、電解） 活性化（浸せき、電解）	下層めっき（銅、ニッケル） 上層めっき（クロム、すず、亜鉛）（貴金属、各種合金）	変色防止 防錆処理 中和処理 最終水洗 乾燥	塗装 はんだ付け 曲げ加工 など
対金属下地	プレス加工 切削加工など バレル研磨 バフ研磨など	アルカリ脱脂 電解脱脂 酸洗い 電解洗浄 酸活性化 その他活性化	各種 めっき組み合わせ	各種 後処理 最終水洗 乾燥	各種 後加工

2.1 めっき工程

　部品表面に存在する油分を取り除くための脱脂、表面の酸化物を除去するエッチング、表面を少し粗して活性化する活性化処理の3段階の処理を水洗浄を絡めながら実施する。各工程での処理液が混ざらないようにするために、各工程の後に水洗浄を2～3回絡めることが重要である。このような前処理をきちんと実施してはじめて、良好なめっき膜が得られるようになる。これら、前処理に関しては、後で詳述する。

　このような前処理を行い、水洗浄して清浄な表面を確保した後、いよいよめっき液に部品が投入される。この場合、ある程度大きな部品はひっかけ治具に引っかけられてめっき液に投入される。小物部品は金属の籠に入れられて、回転しながらめっきを行うバレルめっきが行われる。

　めっき工程の後に、後処理と呼ばれる工程がある。めっき液は酸性が強かったり、シアンを含んでいたりと危険な薬品であり、そのままではさびが発生するので、中和処理や洗い流しを行って、防錆する必要がある。さらに十分に水洗浄を行い、乾燥工程および検査工程を経て、めっき作業が終了する。

　めっき後に、曲げ加工やはんだ付けなどの加工が発生する場合も生じる。当然、これらの前処理工程から乾燥工程までにおいて、何かしらの不具合があれば、付着しためっき膜に不具合が生ずるため、非常に重要である。

　後述するように、技術者が手にするのは、めっき膜が形成された部品、または製品である。これらに不具合が見つかった場合の原因と対策を技術者がきちんと把握するためには、この一連の工程を理解しておく必要がある。

　なお、設計者は、めっき不良の30～40％は、素材の前加工の不備に起因することに注意したい。残りの50～60％は前処理工程の不備であり、めっき膜形成時の不良は10％にも満たない。

2.2 前処理工程

被めっき物をめっき浴に入れる前に行う一連の操作を前処理といい、めっき前に必ず行う工程である。一般的には、機械的な研磨作業は除外される。しかし、めっき工場内で行うバレル研磨などは、前処理に含めることもある。前処理は、①さび落とし、②脱脂洗浄、③水洗、④エッチング、⑤化学研磨などを含むが、被めっき物の材質によって前処理の方法は異なる。

めっきの前処理の目的は、

① 表面の汚れを除くこと。
② めっき浴の中に有害なものを持ち込まないこと。
③ めっきする表面を活性化し、清浄な面とすること。

であり、ただ汚れを除去すればよいという安易な考えで作業すると失敗する。前処理が不適当であると、めっき膜に及ぼす影響として、

① めっきが付かない箇所ができる。
② はがれやすいめっきになり、時間がたってからはがれることがある。
③ めっきにふくれ（気泡による）やざらつき（がまはだともいう）ができる。
④ めっきの色調が悪い。
⑤ 光沢めっきでは、光沢が悪い。

などのめっき不良が発生する要因となる。前述したように、この工程の不適当による不具合がめっき膜不良の50％以上であることに留意して設計しなければならない。

2.2.1 脱脂

脱脂の方法には以下に述べる種々の方法があり、製品の母材金属の材質、使用するめっき金属とめっき液などによって、各種の方法が採用される。また、形状、数量などによって、いくつかの方法が組み合わされて実施されることが

多い。

　溶剤による脱脂・洗浄は、被処理物の表面の油脂などの汚れを溶剤で溶かして除去する方法である。しかし、使用していた有機溶剤が公害防止条例の有機溶剤中毒予防規則を適用され、日本では使用が禁止されるようになっており、適用が減少している。

　現在、最も多く行われている主流の脱脂方法は、アルカリ加熱法である。

　油脂は、ナトリウム系アルカリによって分解されて、グリセリンと脂肪酸塩となり、いずれも水に溶ける。脂肪酸塩は石けんであり、油脂を小滴に分けて乳状化（エマルジョン化）し、粘着性の少ない状態にして洗い流すことができる。さらに界面活性剤を入れると、液の界面張力が低下して、けん化、乳化、分散作用を促進するとともに、こびりついている油脂や、ごみなどを表面から離す作用（湿潤作用）をする。以上の作用は液の温度を高めることによって促進される。

　アルカリ脱脂液は、水酸化ナトリウム、炭酸ナトリウム、ケイ酸ナトリウム、りん酸ナトリウムなどを用いるが、これらは金属材料を腐食したり、変色したりするので、処理される品物の材質によって、脱脂液の組成、温度、処理時間を選定しなければならない。このアルカリ脱脂液の例を**表2-2**に示す。

　脱脂効果を促進するために、
① 処理物を液中で動かす。
② 液中でバレルを回転させる。
③ 液を噴射（スプレー）する。
④ 液を超音波で振動させる。
⑤ 液を循環させる。
⑥ 液をプロペラで撹拌する。
⑦ 液中に空気を吹き込む。
などの方法が実施されている。

表2-2 アルカリ脱脂液の一例

浴組成 g/ℓ　　　　　材質	鉄鋼	銅およびその合金	アルミニウムおよびその合金	亜鉛およびその合金
水酸化ナトリウム（NaOH）	20〜40	5〜10		
炭酸ナトリウム（Na_2CO_3）	30〜50	30〜40		10〜20
炭酸水素ナトリウム（$NaHCO_3$）			5	10〜30
ケイ酸ナトリウム（Na_2SiO_3）	10〜30	20〜30		20
りん酸ナトリウム（Na_3PO_4）			10〜30	
界面活性剤	0.1〜2	0.1〜21	0.1〜2	0.1〜2
温度〔℃〕	60〜80	50〜70	40〜60	60〜80

2.2.2　電解研磨エッチング

　アルカリ水溶液中で被処理物に電流を流し、予備洗浄、本洗浄で残ったわずかな汚れを除去する方法で、仕上げ洗浄として素材表面を活性化し、めっき付着をよくする効果がある。素材をマイナスにする陰極洗浄が多いが、プラスにする陽極洗浄も行われている。

　PR法は、周期的にプラスとマイナスを切り替える方法であるが、液の寿命が短いので、二槽式とし、陰極洗浄槽と陽極洗浄槽を分別したほうがよい。一般的に、陰極洗浄後に陽極洗浄をする。陰極洗浄と陽極洗浄の比較を**表2-3**に示す。電解洗浄液の一例を**表2-4**に示す。

2.2.3　酸洗いとキリンス

（1）　鉄製品の酸洗いによるさび落とし

　鉄製品はさびが発生しやすく、加工時に生じた黒さびやスケールと呼ばれる薄い酸化被膜（Ⅲ酸化鉄）で表面がおおわれていることが多いので、めっき前にさび落としが必要である。一般に硫酸か塩酸が用いられる。

　硫酸を用いるときは、市販の濃硫酸を水で5〜10倍に薄め、常温または加温して、鉄製品を浸漬する。常温だと長時間かかるので加温したほうがよい（温

表2-3　電解洗浄法の比較

極性 項目	陰極洗浄 （マイナス）（−）		陽極洗浄 （プラス）（＋）	
洗浄作用	よい	○	おとる	△
素材の浸食	しない	○	する	△
素材の水素ぜい化	おこす	△	おこさない	○
素材の活性化	する	○	しない	△
スマット生成	する	△	しない	○
不純物の電着	する	△	しない	○
酸化膜生成	しない	○	する	△
液の寿命	長い	○	短い	△
略　　○印、△印	○ － 良好（よい） △ － 悪い			

表2-4　電解洗浄液の一例

材質 浴組成 g/ℓ	鉄鋼 一般用	鉄鋼 さびとり兼用	銅およびその合金	アルミニウムおよびその合金	亜鉛およびその合金
水酸化ナトリウム（NaOH）	10～20	100～200	5～10		
炭酸ナトリウム（Na_2CO_3）			10～20		5～10
オルソケイ酸ナトリウム（Na_2SiO_3）	50		20～30		30～50
シアン化ナトリウム（NaCN）		50～100			
第三りん酸カリウム（K_3PO_4）				20～30	
EDTA-4Na　EDTA-4A		10～50			
界面活性剤	0.1～0.5		0.1～0.5	0.1～0.5	0.1～0.5
温度［℃］	50～60	60～70	50～60	20～50	20～50
電流密度［A/dm^2］	10	15	5～10	5～10	5～10
処理時間［秒］	50～100	$PR^⊕10^⊖$ 10	40～60	20～60	20～60

度約30℃)。

　塩酸を用いるときは、市販の濃塩酸を約2倍に薄め、常温で用いるかさらに薄めて1：3ぐらいにして、鉄製品を浸漬する。塩酸は腐食性ガス（Hcl）が発生しやすいので排気が必要である。硫酸と比べてさび落としの時間が速いので、鉄製品の肌荒れが少ない。約5～8分ぐらいで黒色（四酸三化鉄）の皮膜が、赤錆は2～3分でほとんど落ちる。

　鉄のさびが酸に溶解しても水素ガスは発生しないが、鉄が酸に溶解するときは水素ガスが発生する。発生した水素ガスが鉄表面から結晶組織中に入り、この結果、鉄素地がもろくなり、弾性を失う。これを水素ぜい性という。例えば、スプリングは弾性を失って不良品となる。

　酸洗い時の水素ぜい性を防止するには、

① 浸漬時間に注意して、放置しないように注意する。
② 塩酸を用いて酸洗いを行う。
③ 添加剤（抑止剤、インヒビター）を一般に0.1～0.5％くらい添加して界面張力を減少させ、水素ガスの逃げをよくする。
④ 電解酸洗を行い、鉄製品を陽極処理する。

　酸洗後に水素ぜい性を除くには、熱処理を行って、結晶組織中の水素ガスを放出させるとよい。この作業をベーキングという。例えば150～260℃で1～5時間加熱する。油に浸漬して加熱する方法もある。

（2） 銅および銅合金製品のキリンス

　薄いさびを落とすには、鉄製品と同様に、水で薄めた硫酸または塩酸に浸漬する。

　素地の荒れを防ぐには、クロムめっき液の廃液かクロメート処理の廃液を用いるとよい。さび落としと同時に、光沢を出す酸処理法を「キリンス」といい、光沢浸漬、化学研磨ともいう。銅および銅合金に対するキリンス液は、濃硫酸、濃硝酸の混酸で、さらに濃塩酸や食塩を加えることもある。例えば、濃硫

酸2ℓ、濃硝酸1ℓ、濃塩酸30mℓであり、液の処法は、素材の成分によって異なる。混酸を調合するときに液が発熱するので、注意しなければならない。液を冷却してから使用する。

なお、キリンス作業中には有害な亜硝酸ガス（NO_2）が発生するので、十分な排気装置が必要になる。硫酸に過酸化水素水を加えたキリンス液は亜硝酸ガスを発生しない。キリンスに使用するひっかけや籠はステンレスまたはアルミ材を用いる。ステンレスカゴが多く使われる。食塩を加える所が多い。

2.2.4 水洗方式

めっき作業での水洗は、少量の水で効率よく確実に洗浄しなければならない。そのために工夫として、

① 被めっき物を手または機械的に水中で動かす。

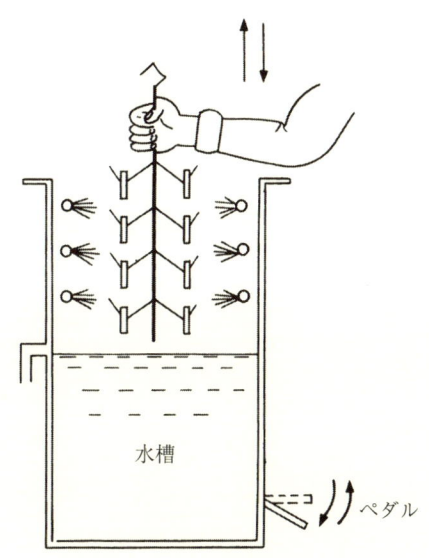

出典：「初級めっき」、丸山清、p.40、日刊工業新聞社（2008）

図2-1　シャワー使用水洗槽

● 第2章　めっきの要点

② 水洗槽中の水を撹拌する。
③ シャワー水洗（スプレー水洗ともいう）を併用する（**図2-1**）。
などの方法が用いられる。

シャワー水洗の際の給水量と水洗槽の関係を**図2-2**に示す。意外にも水洗槽の数が多いほど給水量は減少する。だいたい3～5段階のほうが効率はよい。

水を撹拌する方法として、
① プロペラを回転させる。
② 水を噴流させる空気を吹き込む。
③ 超音波振動させる。
などの方法がある。

水洗水の水質は純水（イオン交換樹脂で処理した水）の使用が望ましいが、定期的に水質検査して、水質の変化に注意すべきである。

水洗槽の並べ方には、**図2-3**に示す3通りがある。

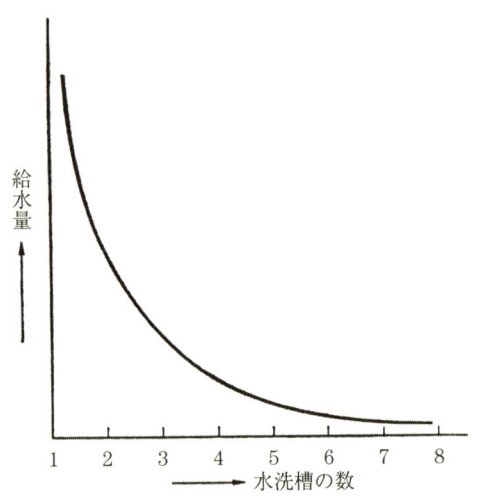

出典：「初級めっき」、丸山清、p.40、日刊工業新聞社（2008）

図2-2　水洗槽の数と必要な給水量

2.2　前処理工程

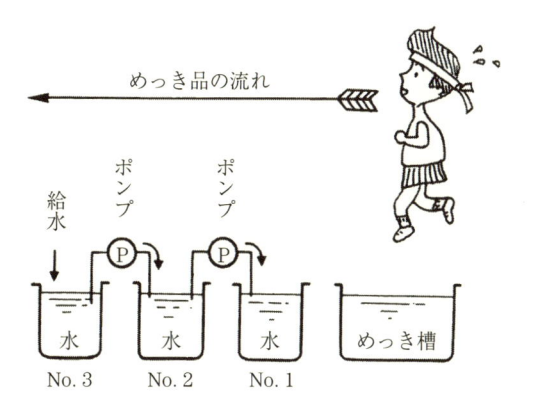

めっき品の流れ →

(1) 回分式水洗
（常時給水しない。No.1更新排出時に
前送りしてNo.3に給水する）

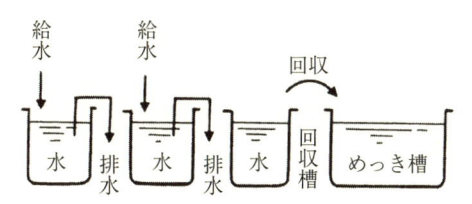

(2) 並列水洗
（各槽ごとに給水し、排水する）

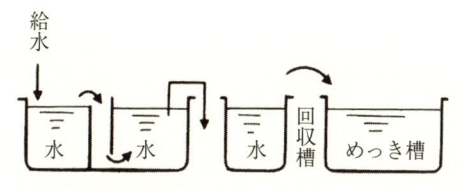

(3) 直列向流水洗
（最終槽から給水する）

出典：「初級めっき」、丸山清、p.40、
　　　日刊工業新聞社（2008）

図2-3　水洗方式

① 回分式水洗（常時給水しないで、一定濃度になったときに排水する。第1水洗槽のみ排水し、他は前に順送りする方法もある）。
② 並列水洗（各々の槽に給水し、各々の槽から排水する）。
③ 直列向流水洗（最終水洗槽から給水し、第1水洗槽から排水する）。

がある。

一般に、めっき工場では直列向流水洗の方式が多い。この方式は他の方式と比べて少量の給水で、洗浄効果が大きいという長所がある。

2.3　後処理

2.3.1　湯洗いと乾燥

めっき後、水洗し、湯洗いしてから乾燥させるが、湯洗いは湯で洗うだけでなく、被めっき物を温めて乾燥しやすくする目的もある。湯洗いの水質が悪いと乾燥後、表面に湯垢が付くので、これを防ぐため純水で湯洗いする。

バレルめっきでは多数の小物を乾燥させる前に、遠心分離機を用いて水分を振り切って除去し、その後乾燥させる。

乾燥法の種類には、自然乾燥、おがくず乾燥、熱風乾燥、加熱乾燥、遠心分離乾燥、溶剤乾燥などがある。亜鉛めっき後クロメート処理したものは、高温での乾燥は避ける。めっきの種類によっては、乾燥法によって、変色、変質することがあるので、注意を要する。

2.3.2　その他の処理

めっき後に、耐食性向上や変色防止のために、クロメート処理、封孔処理、着色処理、塗装などを行うことがある。亜鉛めっきでは、被めっき物がめっき中に水素ガスを吸蔵して脆くなることがあるので、めっき後熱処理をして水素ガスを追い出す作業を行うことがあり、この作業をベーキング処理という。

2.4 めっき作業の治具

　試料をめっき液に投入する際には治具が必要であることはいうまでもない。このための治具は大きく分けて、大きな部品対象のひっかけ治具とバレルめっき治具の2つがある。

2.4.1　ひっかけ治具

　めっき作業の急所は「一に通電、二に洗い」といわれている。二の洗いは、これまで述べてきた前処理のことである。繰り返しになるが、前処理不良によるめっき不良が非常に多いことに注意しなければならない。

　通電とは、被めっきに電流をどのように流すかをいう。被めっき物の量が多く、同時にめっきする場合に、均等に電流を流すことは容易ではなく、作業者によって上手下手が生じる。量が多く、同時にめっきする場合には、めっき浴に被めっき物を入れる道具であるひっかけ治具が用いられる。めっきの品質、生産量、コストはひっかけの良否によって大きな差異が生じる。

　ひっかけ治具の材料としては、主骨には銅、黄銅、軟鋼、ステンレスなどが用いられ、枝骨には銅、りん青銅、軟鋼、ピアノ線、ステンレス線、チタニウム線などが用いられる。

　給電部の吊手（フック）と被めっき物との接触箇所以外は、絶縁材料で被覆（コーティング）される。コーティング材は、軟質塩化ビニル、ポリエチレン、セルロイド、フッ素樹脂、硬質ゴムなどで、自作するときは、硬質塩化ビニルなどのテープを巻くことが多い。テープを巻くときは、ひっかけの下から上に巻く。逆に巻くと液の回収量が多くなる。

　ひっかけ治具の形状は、被めっき物の形状によって工夫されるが、その取り付け方法は、①のせる、②つるす、③はじく、④はさむ、⑤いれる、⑥しめる、⑦つける、⑧からむ（上記のからみあい）などによるが、磁石の吸引力も利用

■ 第2章　めっきの要点

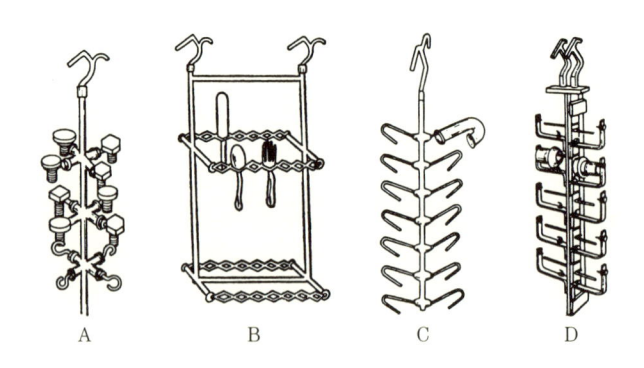

A　　B　　C　　D

取付方法

方法	品物
のせる	穴のない重量のある品物
つるす	穴のある重量のある品物
はじく	穴またはふちを利用
はさむ	ふちの利用およびボルトなど
いれる	パイプ状の品物
しめる	ねじ止め
つける	磁石の利用
からむ	上記のからみあい

出典：「初級めっき」、丸山清、p.20、日刊工業新聞社（2008）

図2-4　ひっかけの取り付け方法

される（**図2-4**）。磁石の場合、磁場の原因か、電着がまずく接点部分に不具合が生じることが多々あるので注意を要する。

　ひっかけ治具の形状例（**図2-5** A、B、C、D）を示す。Bの形状のものがひっかけ治具として多い。

　ひっかけ治具は大切な道具なので、補修を怠らないようにしなければならない。金属の種類によるが、希塩酸または苛性ソーダ酸、アルカリ液などで、逆電して剥離して補修するのがよい。

　ひっかけ治具は、被めっき物に電流を通じさせる道具であり、電線の役割をしているので、給電部分（陰極棒、渡し棒ともいう）との接触、および被めっ

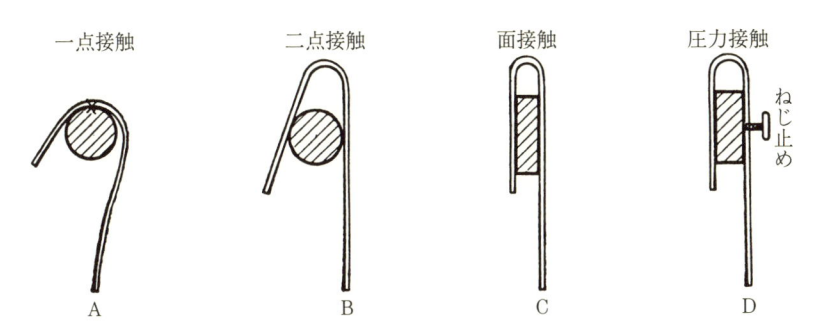

2.4 めっき作業の治具

一点接触　　二点接触　　面接触　　圧力接触

　　A　　　　B　　　　C　　　　D

出典：「初級めっき」、丸山清、p.21、日刊工業新聞社（2008）
図2-5　陰極棒（渡し棒）との接触法

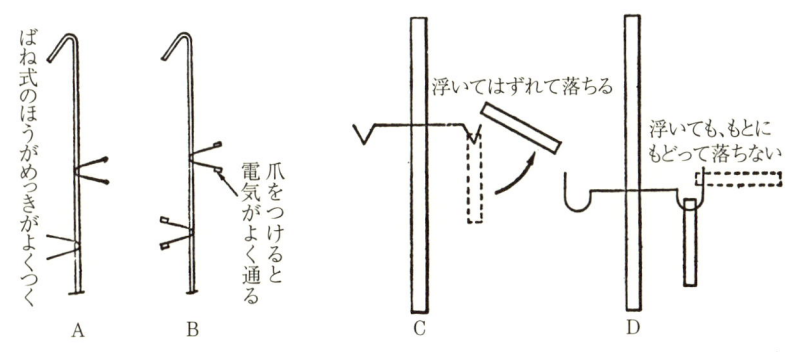

ばね式のほうがめっきがよくつく　　爪をつけると電気がよく通る　　浮いてはずれて落ちる　　浮いても、もとにもどって落ちない

　　A　　　B　　　　C　　　　　D

出典：「初級めっき」、丸山清、p.21、日刊工業新聞社（2008）
図2-6　品物上の接触

き物との接触は、接触抵抗のないように、注意しなければならない。

不完全な接触だと、

① めっきが付かない。
② めっき厚さ不足。
③ 光沢不良。
④ 二重めっきなどになり、めっきが剥離する。
⑤ バイポーラ現象のため被めっき物が溶解する。

などのトラブルが発生する。

陰極棒（渡し棒、ブスバー）とひっかけの接触箇所を、ねじ止めするか、弾力を利かせることが必要であり、ひっかけと被めっき物の接触箇所は、**図2-6**のBのように爪を付け、弾力を利かせるようにする。また、DのようにU字型にすることで被めっき物の落下を防止できる。発生するさびの除去など、日常の手入がかかせない。また、二点接点がよい。

2.4.2 バレルめっき

主に、ひっかけが難しいねじやボルトなどの小物のめっきに使用される治具である。**図2-7**～**図2-9**のように水平式と傾斜式があり、少量製品やさらに小さい部品には傾斜式が使用されている。めっき液を供給する金網構造、電極とする給電シャフトの形状などによって、試料への電流密度が変化するので、注意が必要である。

また、籠の大きさと試料の量の関係も重要である。

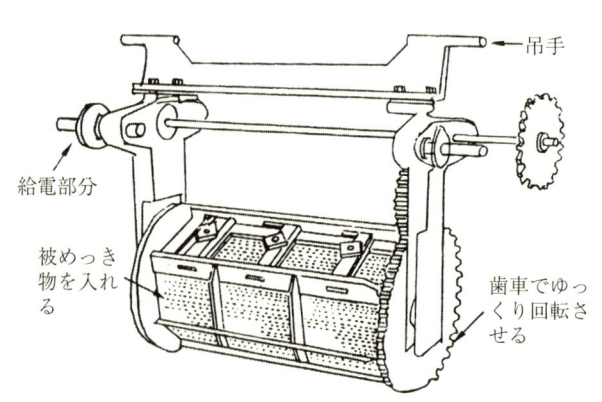

出典：「初級めっき」、丸山清、p. 90、日刊工業新聞社（2008）

図2-7　水平式バレル

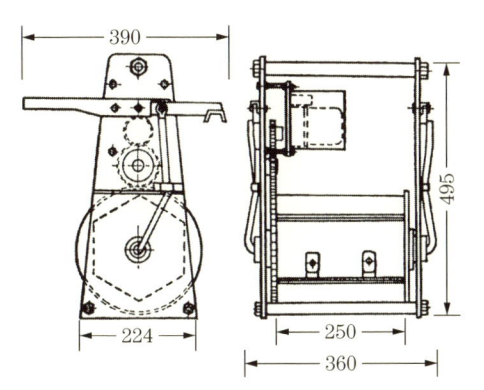

2.4 めっき作業の治具

出典:「初級めっき」、丸山清、p. 90、
日刊工業新聞社 (2008)

図2-8 ポータブルバレルめっき装置

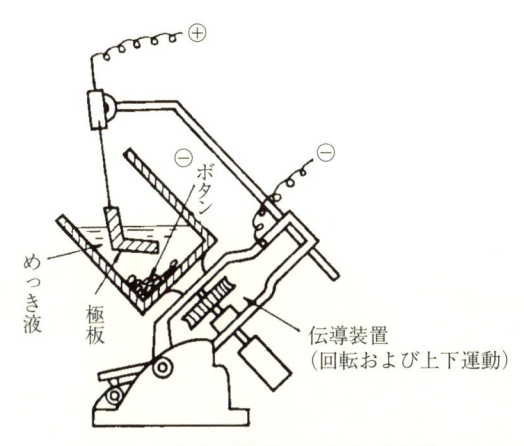

出典:「初級めっき」、丸山清、p. 90、
日刊工業新聞社 (2008)

図2-9 傾斜式バレルめっき槽

027

2.5 被めっき物の浴中の位置

　一般的に、位置については陽極からの距離が均等になるようにする。液面から4cm以上離す。浴を撹拌するときは液面から6cm以上離す。処理槽の底からは13cm以上離すことが必要である。

　図2-10のAでは、水素ガスのあとがめっき面に残り、Cでは内面にガスが溜まって、めっきができない箇所が生じる。片側が閉じられたものは、液のくみ出しに注意する。Eの位置ではくみ出し量が多い。Bが一番よいが、量産前に1〜2回チェックが必要である。

出典：「初級めっき」、丸山清、p.20、日刊工業新聞社（2008）

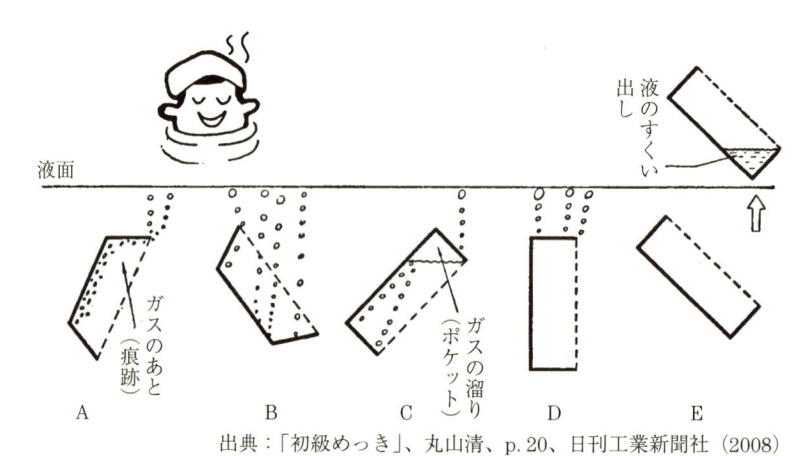

図2-10　浴中の位置

2.6 めっき浴のろ過と撹拌

　人の入る浴槽も常時ろ過し、湯を噴流させる装置が市販されている。めっき作業では、めっき中に常時ろ過することが必要で、光沢めっきではろ過の良否が外観ですぐに判明する。ろ過により、不溶性物質を除去しないと、不溶性物質のためにめっき皮膜がざらついて、目には見えないがピンホール、空洞などが生じて、欠陥のあるめっきになる。精密なめっきほど精密なろ過が要求される。

　めっき浴に混入する不溶性物質は、①陽極スライム、②被めっき物に付着する金属粉・さび・研磨材、③補給薬品からの汚れ、④補給水中のカルシウム・マグネシウム・鉄分、⑤空気中からのほこり、などである。

　めっき用ろ過機は耐酸用や耐アルカリ用があり、めっき専用のろ過機が市販されている。めっき槽の近くに設置され、めっき中は常時ろ過することが多い。

2.7 めっき厚さの計算法

　電気分解の法則により折出量が求められるが、めっきでは重さよりもめっきの厚みが問題とされるので、次式で厚さが計算される。

例題

　面積500cm^{2}の被めっき物に電流密度5A/dm^{2}で20分間、ニッケルめっきしたとき7.5gのニッケルめっきが付いた。めっきの平均厚さはいくらか。また、陰極電流効率はいくらか。電気化学当量は、1アンペアで1.095gのニッケルが折出する。ニッケル比重は8.85gである。

[計算法]

めっき厚さは　$7.5 \div 8.85 \div 500 = 0.00169$ [cm] $= 16.9$ [μm]

電流量は　5 [A] $\times 5$ [dm^2] $\times (20 \div 60) = 8.33$ [A・時]

陰極電流効率は　$7.5 \div (1.095 \times 8.33) \times 100 = 82.2$ [%]

2.8 めっき作業に必要な資格や免許

　電気めっきは、化学、物理、金属、電気、機械などの領域にまたがる技術なので広い範囲の知識を必要とするが、基礎知識を土台にして実務経験を重ねることによって、技術を修得することができる。

　めっき工場では、公害防止管理者など多くの資格や免許が必要である。特に重要な資格は、①公害防止管理者、②毒物劇物取扱責任者、③危険物取扱者で、いずれも国家試験である。

　めっき技術を認定する資格として、職業訓練法による「電気めっき技能士」の国家試験がある。

　法律により、水質汚濁防止法適用地区では公害防止管理者の届出が必要である。めっき工場では水質関係第二種（または第一種）公害防止管理者の資格者が必要とされる。同じく法律により、毒劇物を取り扱う工場には取扱責任者を置かなければならないが、届出はシアンを使用する工場のみ必要である（都道府県知事に届出）。めっき浴の場合は、一般には金めっきなどシアン系浴を扱う業者は届出が必要である。

　灯油および軽油は500ℓ以上、重油2000ℓ以上取り扱う場合は、乙種第四類または丙種の資格が必要であり、無水クロム酸、濃硝酸、濃硫酸をそれぞれ200kg以上取り扱う場合は、乙種第六類の資格が必要である。

　めっき業者の場合は酸・アルカリ薬品および有機溶剤を取り扱うことから、乙種第六類の資格が必須となる。

附則

　取扱責任者は、毒物劇物営業者および業務上取扱者は、事業場ごとに専任の毒物劇物取扱責任者（有資格者）を置き、有害の防止に努めなければならない。

　毒物劇物の取り扱い

1) 毒物、劇物の盗難紛失を防ぐための措置を講じなければならない。
2) 毒物劇物もしくは無機シアン化合物1ppmを越えて含有する液、塩化水素、硝酸、硫酸、水酸化カリウム、水酸化ナトリウムを含有する液（水で10倍に希釈した場合のpHが2.0〜12.0までのものは除く）が取扱いや運搬の場合に飛散、漏れ、流出、しみ出し、または地下浸透のないよう必要な措置を講じなければならない。その他、食品、医薬用外、毒物、劇物、表示、貯蔵又陳列場所に医薬用外毒物の表示が必要である。販売または投与するときは譲受人に性状、取扱いの情報を提供するように義務付けられている。

第3章
電気めっきの実際

第3章 電気めっきの実際

3.1 銅めっき

3.1.1 銅めっきの特性

銅金属は腐食されにくく、軟らかくて延びがよく加工性に富み、熱や電気をよく伝える。銅は電線、貨幣、銅合金、伸銅品など用途が広い。

銅めっきの用途は、鉄鋼素地、亜鉛ダイカスト、アルミニウム合金などへの下地めっき、プラスチック上のめっき、プリント基板上のめっき、金属着色用や肉盛り、浸炭防止など、幅広い。一般に使用されるめっき液は、アルカリシアン化銅めっき、酸性硫酸銅めっき、アルカリピロりん酸銅めっきの3種類である。これらを比較して**表3-1**に示す。アルカリシアン化銅めっきは鉄鋼素地に直接めっきできる利点があり、密着がよいのでストライクめっきとしても利用されている。なお、ストライクめっきとは素地の酸化膜を除去して、表面を活性化し、めっき膜の密着性をよくするために行われる下地めっきのことである。普通より高電流をかけ短時間で約数100nmのめっき膜を形成している。このストライクめっきによって、ふくれ、剥離などの不良が低減できる。アルカリシアン化銅めっき浴は主に、鉄鋼材料の銅めっき前処理として使用される。

3.1.2 アルカリシアン化銅めっき

アルカリシアン化銅めっきの一番多く使用されている成分、条件を示す（**表3-2参照**）。

カリウム浴とナトリウム浴の相違は、
① カリウムのほうが電流密度は高い。
② 全シアン量としては分子量の小さいカリウムのほうが多い。

である。このため、カリウム浴のほうが効率はよい。しかし、カリウムのシアン化物は青酸カリの名称で呼ばれており、一般に使用しにくく、最近はナトリウム浴の使用が多いといわれている。ただし、どちらも猛毒であることに変

3.1 銅めっき

表3-1 銅めっきの比較（①②③は順位を示す）

比較項目	アルカリシアン化銅	酸性硫酸銅	アルカリピロりん酸銅
めっき液価格（主成分）	①	①	③
排水処理の難易	①	①	③
ランニングコスト	②	無光沢では①	③
作業性の難易	①	光沢では③	②
浴温度	（45〜60℃）	常温（15〜35℃）	（40〜50℃）
pH	12.5	低い（0.5〜1.0）	(8.0〜8.7)
析出速度	PR併用③	①	②
均一電着性	②	③	①
光沢度・平滑度	PR併用平滑度がよい	平滑度がよい	むらのない光沢
銅陽極	電気銅	含りん銅	圧延銅、電気銅
アノードバック	簡単でよい	2重にするとよい	不要
析出物の硬さ	④	⑤	①硬
主な用途	ストライクめっき 一般的な用途 亜鉛ダイカスト用	プラスチック上のめっき 素材表面あらさの改善 厚づけめっき スルホールめっき 電鋳用	スルホールめっき 浸炭防止

（記号）
① 安い、よい、析出早い、硬い　　③ 高い、大変、平滑で遅い、柔らかい
② 普通、まあ大変、普通、普通

わりはないので、注意が必要である。

なお、この銅メッキ浴は鉄系、銅系、アルミニウムに対しての下地めっきとしての利用が90％である。これは、

① 標準電極電位が貴であること。
② 電導性が高いこと。

表3-2　アルカリシアン化銅めっきの成分と条件

薬品名、他	化学記号	カリウム浴	ナトリウム浴
シアン化銅	(CuCN)	45.0〜60.0g/ℓ	45.0〜60.0g/ℓ
全シアンカリウム	(TKCN)	80.3〜109.5g/ℓ	—
全シアンナトリウム	(TNaCN)	—	64.5〜88.5g/ℓ
炭酸カリウム	(K_2CO_3)	15.0g/ℓ	—
炭酸ナトリウム	(Na_2CO_3)	—	15.0g/ℓ
水酸化カリウム	(KOH)	7.5〜22.5g/ℓ	—
水酸化ナトリウム	(NaOH)	—	7.5〜22.5g/ℓ
ロッシェル塩	($KNaC_4H_4O_6$)	45.0g/ℓ	45.0g/ℓ
分析による遊離シアン化カリウム	(TKCN)	15.0〜22.5g/ℓ	
分析による遊離シアン化ナトリウム	(TNaCN)		15.0〜22.5g/ℓ
温度		60〜71℃	60〜71℃

※遊離シアン化ナトリウムはめっきの操作（作業）に重要な含有量で、注意をして管理すべき項目の大切な一つである。

③ 表面はオレンジカラーで緻密な表面が得られること。

これら3つの理由により、次に行われる上層めっきの密着性がよくなる。

3.1.3　酸性硫酸銅めっき浴

　この銅の酸性めっき浴はpHが1.0と強い酸性であることから、鉄系材料や黄銅材料などは腐食電解をおこすことから、直接めっきができずに、ニッケルめっき下地を行う必要がある。しかし、半導体産業の発展により、半導体の内部配線用の銅めっき浴として着目され、添加剤の改良など、最先端の銅めっき浴として使用されている。

　このめっき浴での不具合表（**表3-4**）を示す。

表3-3 酸性硫酸銅めっきの成分と条件

成分、組成	化学式	（含量）（条件）
(A) 一般		
硫酸銅	$CuSO_4 \cdot 5H_2O$	195〜248g/ℓ
硫酸	H_2SO_4	30〜75g/ℓ
塩化物	Cl	50〜120ppm
電流密度		20〜100A/ft^2
(B) 半光沢めっき		
硫酸銅	$CuSO_4 \cdot 5H_2O$	248g/ℓ
硫酸	H_2SO_4	11g/ℓ
塩化物	Cl	50〜120ppm
チオ尿素	$SC(NH_2)_2$	0.00075g/ℓ
湿潤剤		0.2g/ℓ
(C) 光沢めっき		
硫酸銅	$CuSO_4 \cdot 5H_2O$	210g/ℓ
硫酸	H_2SO_4	60g/ℓ
塩化物	Cl	50〜120ppm
チオ尿素	$SC(NH_2)_2$	0.01g/ℓ
デキストリン		0.01g/ℓ
(D) 光沢めっき		
硫酸銅	$CuSO_4 \cdot 5H_2O$	199g/ℓ
硫酸	H_2SO_4	30g/ℓ
塩化物	Cl	50〜120ppm
チオ尿素	$SC(NH_2)_2$	0.0375g/ℓ
糖蜜		0.75g/ℓ

表3-4　酸性硫酸銅めっきの不具合表

問題点	状況（ケース）	補正（対策）行動
高電流密度焼け	銅が少ない、高い（多い） 低温 撹拌不足、異物混入 少ない塩化物 銅分少ない アノードの袋破れ	分析と調整 加熱 定電流、撹拌なしを改善 カーボン処理 ハルセルによる試験補給 液の冷却
光沢のない光沢について	低い添加物 有機物の汚れ 少ない塩化物 高い温度 少ない銅	分析と調整 ろ過 アノード交換
粗な未加工	陽極が少ない 低塩化物 有機物混入 陽極の脱片	陽極の袋（交換）（活性炭処理） 分析と調整 調整　活性炭ろ過
不十分な配分	低い、また一定でない撹拌 多すぎる陽極面積 陽極の間違った被膜 AC電流の波形 有機物の混入	ダミーテスト　10％近く 活性炭処理 ハルセル試験による補給
低電流	少ない硫酸 添加物少ない 高い（多い塩化物） 電流が低い 高温	硫酸銀による沈殿 カーボン処理 希釈 電流
陽極分極	すず、金の混入 低温 陽極の脱片 高い（多い塩化物） 高い（多い硫酸） 低い硫酸銅 有機物の混入	浴の加熱 光沢浴はピロりん酸の陽極によって得られる 硫酸銀の沈殿 分析と希釈 活性炭ろ過（除去）

3.2 ニッケルめっき

3.2.1 ニッケルめっきの特性

　ニッケルは白色で硬くてさびにくく、耐薬品性に富んでいるという特性をもち、「さびない鉄」ともいわれている。電気めっきは比較的容易で昔から行われていたが、その後無電解ニッケルめっきが開発され、両者とも広く利用されている。

　ニッケルめっきは浴の種類が多い。代表的なものでも4種類ある。これらを**表3-5**にまとめる。また無電解ニッケルめっきの需要も増加している。

　ニッケルめっきはすずめっきと同じで、銅および銅合金（黄銅）、また鉄上の防錆として下地めっきおよび装飾部品として使われてきた。自動車部品、自転車、厨房器具類などの表面はクロムめっきの下地めっきとして多く利用されている。

　めっき技術のなかで、もっとも重要な位置を占めているのがニッケルめっきであり、めっきの種類の中で一番多く利用されている。硬さも銅、亜鉛、すず、アルミなどより硬く、ビッカース硬度200〜250ぐらいあり、電流効率もよいのでめっき時間が短くてすむという利点がある。近年は無電解めっきの下地としても使われている。

　応用によっては「プラスチック」の金型としても使われている。

　電気めっきは被めっき材の両端と中心部の電流密度の差によってめっきが弓状に付き、両端部のめっき厚さが2.5倍ほどになるため、両端にカブリ止めと称する電流過多防止の治具を入れて防止する。このように、均一な電気めっきはなかなか難しい。ただ、両端にカブリ止めを入れ、治具で吊るすときに充分電流が流れる治具を使い、大きさ（部品）だけ空間をあけて、前処理としての脱脂、水洗、活性化を十分に行えば、きれいなめっき膜が得られる。

表3-5　ニッケルめっき浴組成の比較

成分	化学式	ワット浴 無光沢	ワット浴 光沢	全塩化浴	スルファミン酸ニッケルめっき浴
硫酸ニッケル　[g/ℓ]	$NiSO_4$	240	300		
塩化ニッケル　[g/ℓ]	$NiCl_2$	45	50	300	30
スルファミン酸ニッケル　[g/ℓ]	$Ni(SO_3 \cdot NH_2)_2$				300
塩化アンモニウム [g/ℓ]	NH_4Cl				
ほう酸　　　　[g/ℓ]	H_3BO_3	3	45	30	30
光沢剤			適量		
ピット防止剤					適量
pH		4～5.0	4～5.0	2	3.5～4.0
温度　　　　　[℃]		40～55	40～55	55～65	30～60
電流密度　　[A/dm²]		1～8	2～8	2～15	2～15
特徴		めっき皮膜の硬度低い。延びが大きい	めっき皮膜の光沢と平滑性（レベリング）がよい	つき廻りがよい。ストライクめっき用	めっき皮膜の内部応力（ストレス）が小さいので、厚づけに適する

3.2.2　ワット浴

ニッケルめっき浴では、ワット浴が多く用いられる。

ワット浴の利点は、

① めっき皮膜のニッケル純度が高く物性がよい。

② 応用範囲が広い（光沢めっき、多層めっき、複合めっきなどに利用できる）。

③ 排水処理が容易。

などがあげられる。

欠点としては他のニッケルめっき浴についても同様であるが、

① 前処理の良否の影響を受けやすい。
② めっき浴は微酸性で、pHの変動の影響が大きい。
③ 銅めっき、亜鉛めっきと比べると価格が高い。

などがあげられる。

ワット浴を用いてニッケルめっきを行う場合の作業上の注意をまとめた。なお、ワット浴は光沢めっきに使用されることが多いので、光沢めっきも含めて説明する。

① pHの測定は毎日行う。pHを下げるには、希硫酸または希塩酸を少しずつ加え、pHを上げるには、炭酸ニッケルまたは水酸化ニッケルを加えるが、これらは溶解しにくく作業性が悪いので、作業中にpHが下がらないように、ニッケル陽極の表面積を大きくする。ニッケル陽極が溶解しにくいとめっき浴のpHは下がる。チタンバスケットに、ニッケルピース（25×50mm）などを装入して用いると陽極面積が増え、作業性がよくなる。

② めっき作業中にろ過機を運転して連続ろ過するが、毎月1回くらいめっき液の全量を予備槽に移して、置き換えろ過をするとよい。光沢めっきでは光沢剤の分解生成物が蓄積するので、このときは活性炭をめっき液1ℓあたり1～3g入れて活性炭に吸着させてろ過する。

③ めっき浴の攪拌によって、空気中から、汚れやごみが入らないよう注意する。

④ アノードバックは定期的に洗浄して、目づまりを防ぐようにつとめる。

⑤ めっき中に通電電流が短時間でも断続するとめっき層が剥離するので、ひっかけと渡し棒（ブスバー）の接触を確実にしておくように注意する。渡し棒のさびは毎日除去するようにつとめる。

⑥ 銅、鉄、亜鉛などの不純物の除去は、陰極に波形の金属板を吊るし、弱電流（$0.2A/dm^2$程度）で電解除去するとよい。この操作を空電解（からでんかい）という。

表3-6　通常のワット浴とワット系光沢めっき浴の比較

組　成		ワット浴	一般的な硫酸塩	濃厚硫酸塩
			電気組成（g/ℓ）	
硫酸ニッケル	$NiSO_4・6H_2O$	225〜300	280〜320	315〜450
硫酸ニッケルアンモン	$Ni(SO_2NH_2)_2・4H_2O$			0〜22
塩化ニッケル	$NiCl_2・6H_2O$	37〜53	45〜55	30〜45
硼酸	H_3BO_3	30〜45	45	45
			操作条件	
温度（℃）		44〜66℃	32〜60	
攪拌		エアーまたは機械振動	エアーまたは機械振動	エアーまたは機械振動
電流密度（A/dm^2）		3〜11	0.5〜3.2	90以上
陽極		ニッケル	ニッケル	ニッケル
pH		3.0〜4.2	3.5〜4.5	3.5〜4.5
			機械的な性質	
張力（MPa）		345〜485	416〜620	400〜600
伸び（％）		15〜25	10〜25	10〜25
ビッカース硬度（HV、荷重100g）		130〜200	170〜230	150〜250
内部圧力（MPa）		130〜200 125〜185（抗張力）	0〜55（抗張力）	

表3-7　ニッケルめっきの厚さ（電流効率98.5％として）

厚さ[μm] 電流密度	5	10	15	20	25	30	50
	時分	時分	時分	時分	時分	時分	時分
0.3[A/dm^2]	1.22	2.43	4.05	6.27	6.48	8.09	13.36
0.5　〃	0.49	1.38	2.27	3.16	4.05	4.54	8.10
0.75　〃	0.33	1.05	1.38	2.11	2.43	3.16	5.26
1.0　〃	0.24	0.49	1.13	1.38	2.02	2.27	4.05
2.0　〃	0.12	0.24	0.37	0.49	1.01	1.13	2.02
5.0　〃	0.05	0.10	0.15	0.20	0.24	0.29	0.50

通常のワット浴とワット系光沢めっきの組成、条件、機械的性質の比較をまとめて**表3-6**に示した。なお、濃厚液は各薬品の溶解度の限界に近い。

ワット浴を使用した場合の陰極電流効率が98.5%のときのめっき厚さとめっき時間の関係を**表3-7**に示す。

3.2.3　スルファミン酸ニッケル浴

スルファミン酸ニッケルは、ワット浴に使用される硫酸ニッケルよりも溶解度が大きいので、ニッケル分を多く含むめっき浴が得られ、高電流密度の使用が可能になる。厚付けめっき、高速度めっき用として使用されている。光沢剤を加えて、光沢めっきとしても使用できる。

利点は、①ワット浴に比べて、めっき時間が短縮できる、②めっき皮膜の内部応力（ストレス）が小さい。

欠点は、①ワット浴よりも価格が高い、②浴管理がワット浴よりも難しい、ことである。

スルファミン酸ニッケル浴での作業上の注意点をまとめた。

① 浴温度が高く、pHが低いとき、分解してアンモニウムイオンに変わり、電着応力が上昇する。生成したアンモニウムイオンの除去は困難である。
② 使用するニッケル陽極は、塩化ニッケルを含む浴では電気ニッケルアノードでよいが、含まないときは、硫黄含有ニッケルアノードかデポライズドニッケルアノードを用いる。
③ 建浴するときは、高純度のスルファミン酸ニッケルの濃厚溶液が市販されているので、これを純水で薄めてめっき浴をつくると便利である。

3.2.4　二層ニッケルめっき

耐食性を向上させるために、第一層にはめっき皮膜中にS（硫黄）を含まない無光沢、あるいは半光沢ニッケルめっきを付け、第二層にはS（硫黄）を0.05%程度を含有する光沢ニッケルめっきを付ける方法をいう。

第3章　電気めっきの実際

　Sの含有量は添加剤と光沢剤によって調節する。腐食環境に置かれると、光沢めっき皮膜は無光沢あるいは半光沢皮膜よりも卑な電位なので、腐食は光沢めっきでおきる。無光沢あるいは半光沢皮膜層で腐食は横に広がり、素材への腐食が防止される（**図3-1**）。一般に、第一層のめっき厚と第二層のめっき厚との比率は7：3〜8：2程度に第一層を厚くする。

　二層めっきを行うときの作業上の注意点をまとめた。

① 第一層のめっき液が第二層のめっき液に混入することは、やむを得ないが、逆に第二層のめっき液が第一層のめっき液に混入することは防止しなければならない。めっき前後の水洗槽の共有をしてはならない。

② 第一層のめっき後、第二層に入れるとき、素早く入れるようにする。ゆっくり入れると、バイポーラ現象のため、第二層のめっきが密着不良となる。バイポーラ現象を防止するには、ひっかけに電圧をかけながら、めっき浴に浸漬するように工夫する。バイポーラ現象とは、めっき浴中にある金属（被めっき物）の陽極に近い側が−極になって、金属が電着したり、水素ガスが発生したりして、陰極に近い側が＋極になって、金属が溶解したり、酸素ガスが発生したりする現象をいう。

③ ニッケルめっき皮膜は空気中や水中で不活性被膜（酸化膜）を生じ、上

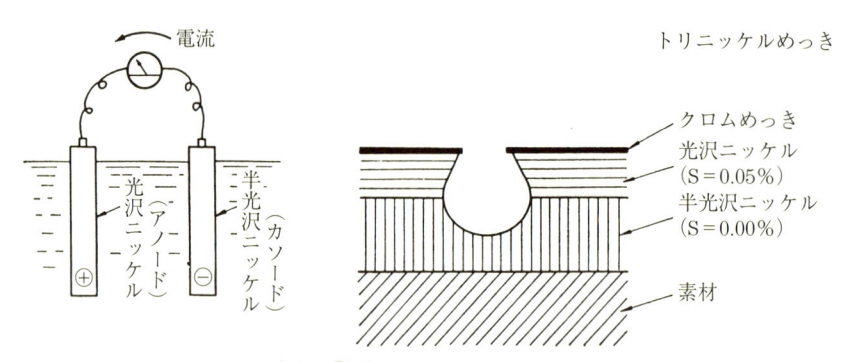

出典：「初級めっき」、丸山清、p.53、日刊工業新聞社（2008）

図3-1　二層ニッケルめっきのさび止め機構

層のめっきの密着を悪くする。第一層のめっき後は、水洗しないで第二層に入れることが多い。このために、第二層のめっき浴のニッケル濃度が上昇する。

　なお、二層の上にクロムめっきを施して三層にして、さらに耐食性を向上させためっきをトリニッケルめっきと呼ぶ。

3.2.5　無電解ニッケルめっき

　ここ20～30年前より普及し始めためっき方法である。下記に述べるように、電池や整流器などの外部電源を必要としないめっき法を無電解めっき、または化学めっきという。無電解ニッケルめっきと電解ニッケルめっきを比較すると、無電解ニッケルめっきの利点は、

① 電源不要なのでめっき装置が簡単である。
② 被めっき物の形状が複雑であってもめっき厚さが均一に付く。
③ めっき皮膜のピンホールが少ない。
④ 電流分布の考慮を必要とせず、作業性がよい。
⑤ 浴管理の自動化が可能。
⑥ めっき皮膜が硬く、耐摩耗性がよい。
⑦ めっき皮膜は磁性がなく、熱処理すると磁性を生じる。

などがある。

欠点としては、

① 電気めっきと比べてめっき液が高価で寿命が短い。
② めっき皮膜中のニッケル純度が低く、りんなどとの合金めっきである。
③ 光沢電気ニッケルめっきと比べると外観が劣る。
④ 電気めっきと比べると排水処理が困難。

などである。

　概算成分はりん約10％、ニッケル約90％である。電気めっきと兼用して使う所が多い。

無電解ニッケルめっきの浴組成を**表3-8**に示す。

普通浴は酸性浴（pH4.0〜5.5）とも呼ばれ、浴が安定で使いやすいので最も広く用いられている。次亜りん酸塩からの析出では、めっき皮膜はりんを6〜12%含むニッケル・りん合金であり、硬くて、耐摩耗性、耐薬品性にすぐれている。低温浴はアルカリ浴（pH8.0〜9.5）とも呼ばれ、低温（40〜50℃）でめっきができるので、プラスチック上のめっきに用いられる。めっき皮膜はりんを3〜6%含むニッケル・りん合金である。このほかに多くの浴組成が工夫されている。

浴成分の構成は、ニッケル塩、還元剤、錯化剤、促進剤、潤滑剤からできている。

作業上の注意点をまとめると、
① 建浴および補給水の水質は、純水または良質の水道水を用いること。

表3-8　無電解ニッケルめっき浴組成

浴組成			普通浴	低温浴
硫酸ニッケル	g/ℓ	$NiSO_4・7H_2O$ $NiSO_4・6H_2O$	20	20
次亜りん酸ナトリウム	g/ℓ	$Na(H_2PO_4)・H_2O$	25	10
乳酸	g/ℓ	$C_3H_6O_3$	25	3
プロピオン酸	g/ℓ	$H_4P_2・3H_2O$	3	—
鉛	g/ℓ	Pb	少量	—
クエン酸ナトリウム	g/ℓ	$Na_3C_6H_5O_7・2H_2O$	—	5
酢酸ナトリウム	g/ℓ	$Na(CH_3COO)_2$	—	5
塩化アンモニウム	g/ℓ	NH_4Cl	—	—
水酸化ナトリウム	g/ℓ	NaOH	—	—
温度	℃		90	50〜65
pH			4.0〜5.0	8.0〜9.5
特性			金属素地用	プラスチック素地用

② 普通浴では、標準温度が90℃で、一般に80℃以上の高温で実施されることが多く、温度管理が重要である。水の蒸発量が多く、作業場は高温多湿になるので、充分な換気が必要である。めっき速度は毎時10～25μm程度である。

③ 作業終了後、毎日めっき液を置きかえ、ろ過（空けかえろ過ともいう）をすべきである。めっき槽の底に沈殿した金属粒子などの固形物を除き、槽の内壁に析出したニッケルは希硝酸などで溶解して除去する。

④ 鉄素材はめっき浴に浸漬するだけでめっきできるが、脱脂、洗浄は電気めっきと同様に確実に行い電解洗浄が必要である。

⑤ 銅素材はめっき浴に浸漬してもニッケルが析出しない。対策として(a)鉄製のひっかけ治具を用いる。バレルめっきでは、鉄製品のダミーを混合する。(b) あらかじめ電気ニッケルめっきをしておく。(c) 電流を流して初期析出をおこさせる。(d) 脱脂、酸洗後、塩化パラジウム溶液中に浸漬してパラジウムイオンを吸着させ、水洗後めっき浴に浸漬する。

以上のいずれかの操作が必要である。

⑥ 金素材、銀素材は銅素材と同様に扱う。

⑦ 銅合金の種類によって、例えばりん青銅など、めっき液に浸漬するだけでニッケルが析出する合金もある。

⑧ ステンレス素材は、あらかじめストライクニッケルめっきをしておく。素材によっては濃塩酸浸漬後、鉄製のひっかけ治具を用いるだけでめっきできる場合もある。

⑨ 亜鉛素材、すず素材はあらかじめ電気ニッケルめっきをしておく。

⑩ アルミニウム素材は、あらかじめジンケート浴による亜鉛置換膜を表面につくり、めっき浴に浸漬する。

⑪ プラスチック、セラミックスなどの被金属材料は、塩化パラジウム溶液中に浸漬してパラジウムイオンを吸着させる。この処理を活性化処理（アクチベーション）という。

第3章 電気めっきの実際

無電解ニッケルめっきを行う場合のめっき装置の留意点をまとめる。

① めっき槽は普及浴が80～90℃の高温でめっきされるので、ステンレス槽を使用することが多い。槽内は40～60容量％の硝酸で処理し、表面を不動態化するか、めっき槽に＋（プラス）の電位を与えてニッケルの析出を防止する。低温浴（50℃以下）では、硬質塩化ビニル、ポリプロピレン、FRPなどのプラスチック槽が使用されている。

② 加熱装置は投込式電気ヒーターまたは蒸気熱交換器が用いられる。普通浴で80～90℃で使用される場合には、約2時間で昇温できる加熱容量とする。材質はステンレスまたはテフロンが用いられ、ステンレスの場合は＋（プラス）の電位を与えてニッケルの析出を防止する。ヒーター部分へはニッケル析出が最もおこりやすい。

③ 撹拌装置は、空気吹込、プロペラ、被めっき物の揺動、めっき液の強制循環などの方式がある。空気吹込式（エアー撹拌）が簡便であるが、空気中の塵埃（じんあい）を入れないように注意を要する。

④ ろ過は、別の槽に移しかえながら行うバッチ式が適する。連続ろ過では、金属粉などがろ過機内にたまり、これにめっきが成長するので不便である。ろ材は一般に数μm程度の目の粗さのものを用いる。精密なめっきでは2段ろ過を行う。

⑤ 使用しない場合は、**図3-2**のように槽内に補助陰極を設け、めっき槽および加熱装置などを＋（プラス）にする。直流電源から、1～2V、50～200mAの低電流を流しておく。

⑥ 治具（ひっかけ）、かご、バレルは、ステンレス製が多いが、チタニウム製、鉄製も用いられる。プラスチックはポリプロピレン被覆が多い。コスト高になるが、ふっ素樹脂のほうがすぐれている。金属製のほうが寿命が長く、乾燥工程にも使用できるので便利である。

無電解ニッケルめっきは、必ず1日の仕事終了時に、先に述べたように、毎日めっき液を置き換えろ過を行い、底に沈殿した金属粒子などの固形物を除去

3.2 ニッケルめっき

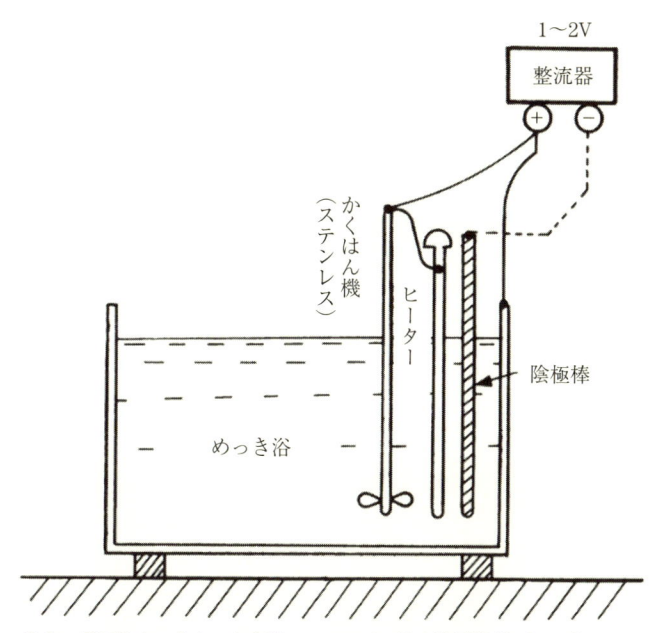

出典:「初級めっき」、丸山清、p.60、日刊工業新聞社（2008）
図3-2 めっき析出防止装置

し、かつ槽の内壁に析出したニッケルを希硝酸などで除去する工程を必ず実施すべきである。この作業を行わず、昨日の汚れが残っていたり、ヒーター（ステンレス）にニッケル電着物が残っていたり、めっき槽の角にニッケル粉などが残っていると、翌日はこれらの影響でヒーター部分やめっき槽の底に化学反応がおき、部品にめっきが付かないで、めっき浴の薬品のみが消費していくことになる。すなわち、膜厚、加工処理製品の良悪に、最も影響をおよぼす因子であるので、充分に注意する必要がある。

049

3.3 すずめっき

3.3.1 すずめっきの特性

　すずは銀白色の金属で軟らかく展延性に富み溶融温度が低い（231.9℃）ので、熱で溶かしたすずの中に被めっき物を浸せきして、容易に溶融めっきができる。このようにすずを表面に被ふくさせることを「すず引き」ともいう。なお、この代表が鉄に溶融めっきを施したブリキである。

　銅素材へのめっきでは、無電解めっきも実施されている。

　このようにすずのめっき法は、種類が多く、溶融めっき、無電解めっき、電気めっき、金属溶射（メタリコン）などがある。すずめっきの特性と用途を表3-9にまとめる。すずは人体に無害なので、食器、缶詰用薄鋼板に適用されている。また、はんだ付け性がよいので、電気部品、電線などに使用される。さらに、固体潤滑剤としての効果があるので、機械部品のしゅう動部分にめっきされる。

　電気めっきの浴組成は、酸性浴として、硫酸浴、スルホン酸浴、アルカリ性浴として、すず酸塩浴、ピロりん酸塩浴などがある。一般的には平滑な鏡面光沢が得られる硫酸浴が多く使用されている。アルカリ性浴では光沢めっきができない。なお、アルカリ性すずめっき浴は「スタネート浴」とも呼ばれる。代

表3-9　すずめっきの特性と用途

特　性	用　途
有機酸に対する安定性を活かした分野	缶詰用鋼板、食器具類、温水器ヒーターなどのめっき
柔軟性、潤滑性を活かした分野	各種機械の軸受部品、しゅう動部品などのめっき、鉄鋼の窒化防止
はんだ付け性、電気的特性を活かした分野	電子部品、半導体部品、機械部品などのめっき

表3-10 すずめっき浴の比較

項目	アルカリ浴（すず酸塩浴）	硫酸浴（光沢浴）
液の性質	害が少ない	害が少ない
めっき速度	遅い（硫酸浴の1/3）	速い
均一電着性	よい	よくない
めっきの外観	よくない、銀白色	鏡面光沢
加熱・冷却	加熱（60〜90℃）	冷却（15〜25℃）
排気	必要	必要
排水処理	容易	容易、CODに注意

表的なアルカリ性浴としてのすず酸塩浴と酸性浴としての硫酸浴を比較して、**表3-10**に示す。

3.3.2 硫酸すずめっき

　アルカリ性浴に比べて、外観がよく、光沢めっきが得られ、めっき速度も速いが均一電着性は劣る。浴組成の例を**表3-11**に示す。光沢剤として有機添加剤を多量に使用するので、すずめっき皮膜中の有機物吸蔵量が多い。めっき浴は不安定で、浴温度を上昇させたり、空気によって酸化させたりすると、不溶

表3-11 酸性すずめっき浴組成

成　分			硫酸塩浴
硫酸第一すず	[g/ℓ]	$SnSO_4$	55
硫酸（試薬一級）	[g/ℓ]	H_2SO_4	100
ほうふっ化すず（45%溶液）	[g/ℓ]	$SnBF_4$	—
ほうふっ化水素酸（42%）	[g/ℓ]	HBF_4	—
ほう酸	[g/ℓ]	H_3BO_3	—
クレゾールスルホン酸	[g/ℓ]		100
ゼラチン	[g/ℓ]		2
β-ナフトール	[g/ℓ]		1
温度	[℃]		15〜25
陰極電流密度	[A/dm²]		2〜3

※光沢酸性すずめっき液は、使用する光沢剤により組成が異なる。

性の沈殿物を生じ、白濁して、めっき面にしみやむらを生じ、被ふく力も低下する。ろ過機などの配管から、空気を吸い込まないように、めっき装置の配管に注意を要する。

酸性すずめっき浴での作業上の注意点をまとめる。
① めっき浴の攪拌は、液を流動させるか、陰極を動かす方式（カソードロッカー）で行い、空気攪拌をしてはならない。
② バレルめっきでは、バレル装置全体を浴中に浸せきして、上から空気を巻き込まないように注意する。
③ 浴温度は15～25℃の範囲とし、加熱および冷却装置が必要である。30℃以上では、不溶性の沈殿物を生じ、白濁して浴組成が変化する。
④ すずめっきは変色しやすいので、後処理で変色防止を行うことが多い。例えばりん酸ナトリウム水溶液100g/ℓを60℃にして5～15秒間浸漬する。クロメート処理をする方法もある。
⑤ ウィスカ（金属表面から自然に発生する直径0.1～10μmのひげ状の繊維体のもの）防止のためにすずめっき後、急熱急冷する必要がある。なお、ウィスカについては後述する。

3.3.3　アルカリ性すずめっき

スタネート浴とも呼ばれ、ナトリウム塩浴（ナトリウム浴）とカリウム塩浴（カリウム浴）とがあるが、カリウム塩浴はナトリウム塩浴よりも電流効率が高く、電流密度範囲も広いので、一般にカリウム塩浴が使用されている。アルカリ性浴は酸性浴に比べて浴組成が簡単で、排水処理が容易であるという利点をもつ。

欠点としては、①光沢めっきができない、②高温度（60～85℃）で作業をしなければならない、③めっき速度が遅い（硫酸浴の1/2～1/3）などがあげられる。このため、酸性浴に比べて使用されることが少ない。

アルカリ性すずめっきの浴組成を**表3-12**に示す。

表3-12　アルカリすずめっき浴組成

成　分	ナトリウム塩浴	カリウム塩浴
すず酸ナトリウム（またはカリウム）[g/ℓ]	90〜100	80
水酸化ナトリウム（またはカリウム）[g/ℓ]	8〜10	30
酢酸ナトリウム	0〜15	
温度［℃］	60〜80	60〜85
陰極電流密度［A/dm^2］	1〜2.5	4

作業上、
① 高温度で作業するので排気装置が必要。
② 高温度のため、めっき浴のすず酸イオンが加水分解して白い沈殿ができやすい。
などの点に注意して作業することが望ましい。

3.4　亜鉛めっき

3.4.1　亜鉛めっきの特徴

　亜鉛めっきは鉄鋼製品のさび止め効果が大きい。鉄素材に亜鉛めっきをすると、めっき皮膜にピンホールなどの欠陥があっても、亜鉛と鉄の電池作用によって亜鉛が犠牲となって鉄素材のさびを防いでくれるからである。また、銅、ニッケル、すずなどと比べて亜鉛の価格が安いので、鉄素材の防錆めっきとして有利である。めっき後、クロメート処理をすることによって、防錆効果をさらに高めることができる。
　クロメート処理は、有色クロメート（黄緑色）、無色クロメート（ユニクロともいう）、黒色クロメートなどがあり、黒色クロメート処理は、外観を黒色とする装飾用としても用いられる。
　亜鉛の融点は420℃なので、溶融めっき（天ぷらめっきともいう）が実施さ

れている。鉄に溶融めっきを施した材料がトタンである。
　電気めっきの浴組成は、シアン浴、ジンケート浴、塩化浴がある。亜鉛を主体とする亜鉛合金めっきも実施されている。古くは下地にりん酸鉄（パーカライジング）処理後亜鉛めっき（シアン浴）を行っているときもあった。

3.4.2　シアン化亜鉛めっき

　シアンおよびその化合物は毒物であることから、排水処理を確実に実施しなければならないが、シアン化亜鉛めっきは、めっき皮膜の物性がよいので使用されている。
　そのすぐれた点は、
① 孔あけ、曲げなどの機械加工性がよい。
② クロメート処理が容易で、耐食性向上の効果が大きい。
③ 電子機器で電気的短絡の原因となるウィスカの発生が少ない。
④ めっき浴に電解洗浄の効果があり、素地を侵食することが少なく、前処理が容易であり、めっき不良の発生が少ない。
⑤ 亜鉛陽極の溶解がよく、浴管理がしやすい。
⑥ めっきコストが安価。
欠点は、
① 素材の水素ぜい性がおこりやすいので、スプリングなどにはめっきしにくい。
② シアン排水処理を確実にしなければならない。
ことである。
　シアン化亜鉛めっきの浴組成を**表3-13**に示す。現在80％が高濃度浴を利用している。
　シアン化亜鉛めっきの作業上の注意点をまとめる。
① 常温でめっきできるが、冬期は加温し、夏期は冷却が必要となる。高温になると光沢範囲がせまくなり無光沢となる。40℃以下がよい。

表3-13　シアン化亜鉛めっき浴組成

成　分			高濃度浴	中濃度浴	低濃度浴
シアン化亜鉛	[g/ℓ]	Zn(CN)$_2$	30	—	—
酸化亜鉛	[g/ℓ]	ZnO	—	20〜25	10〜18
シアン化ナトリウム	[g/ℓ]	NaCN	35〜42	25〜40	10〜20
水酸化ナトリウム	[g/ℓ]	NaOH	70〜80	60〜80	60〜90
光沢剤			適量	適量	適量
M比（全NaCN/Zn）			2.5〜2.8	1.7〜2.5	1.1〜1.7
温度	[℃]		20〜35	20〜35	25〜35
電流密度	[A/dm^2]		1〜5	1〜5	1〜5

② 亜鉛陽極が溶け過ぎて浴中の金属分が上昇する場合は、難溶性陽極（マグネシウムが少量添加されている）を用いる。長期間めっきを休止するときは陽極を引き上げて保管する。

③ 浴管理は化学分析によるが、M比によって、電流密度の許容範囲が異なる。

M比は一般に2.0〜3.0とし、バレルめっきでは2.5〜3.2とする。M比が低いほうが電流効率はよいが、つき廻りが悪くなる。M比は下式で求められる。

$$M比（金属比）= \frac{全シアン化ナトリウム（g/ℓ）}{金属亜鉛（g/ℓ）}$$

例えば、シアン化亜鉛30g、シアン化ナトリウム35gの高濃度浴を考える。各原子量からシアン化亜鉛は、Zn(CN)$_2$ = 65 + (12 + 14) × 2 = 117となる。

したがって金属亜鉛の割合は、65 ÷ 117 = 0.56

よって浴中の金属亜鉛分は30 × 0.56 = 16.8g

$$M比 = \frac{35}{16.8} = 2.08$$

④ シアン化ナトリウムが少ないと、めっき面が青白色から灰黒色となり光沢が悪く陽極が溶けにくく、表面が赤褐色や黒紫色となる。多すぎるとガスの発生が盛んになり電流効率が低下するがつき廻りはよくなる。

⑤ めっき後にクロメート処理をすることが多いが、同一治具（ひっかけ）で行うと、めっき浴に有害なクロムイオンが混入するので、クロメート処理後に、治具（ひっかけ）を重亜硫酸ナトリウム水溶液に浸漬して、クロムイオンを無害化処理する。6価のクロムがめっき浴に入ると5ppm程度で、めっき面が灰色となり、ふくれが発生しやすくなる。

⑥ バレルめっきでは、バレルを全部めっき浴中に浸漬すると、めっき中に発生する水素ガスの排気が悪くなり、バレル中で水素ガスが引火爆発して危険であり、注意を要する。バレル孔の目づまりが多いと同様の危険性が増す。

3.4.3　ジンケート浴亜鉛めっき

　ノーシアン浴として普及している浴であるが、シアン浴と比べて浴管理が難しく、光沢範囲が狭く、粗い析出になりやすく、外観が劣り、均一電着性、被ふく力も劣る。浴組成を**表3-14**に示す。

　作業上の注意点は、

表3-14　ノーシアン亜鉛めっき浴組成

成　分			ジンケート浴	塩化浴 カリウム浴（KCl）	塩化浴 アンモニウム浴（NH_4Cl）
酸化亜鉛	[g/ℓ]	ZnO	10～25	—	—
水酸化ナトリウム	[g/ℓ]	NaOH	100～200	—	—
塩化亜鉛	[g/ℓ]	$ZnCl_2$	—	70～75	100～120
塩化カリウム	[g/ℓ]	KCl	—	200～225	—
塩化アンモニウム	[g/ℓ]	NH_4Cl	—	—	180
ほう酸	[g/ℓ]	H_3BO_3	—	25～30	—
添加剤・光沢剤			適量	適量	適量
pH			12.0～14.0	4.5～5.0	4.5～5.2
温度	[℃]		15～30	25～30	20～35
陰極電流密度	[A/dm^2]		0.5～8	0.5～4	1～5

① 浴温度は15～30℃に保つ。低温では光沢がよくなるが、ふくれが出やすくなる。高温では光沢が低下し、焼けが発生しやすい。冬期は加温し、夏期は冷却が必要となる。
② 浴中の金属亜鉛分が増加するときは、陽極の一部を鉄板などの不溶性陽極に代えて調整するが、ステンレス板を使用してはならない。また、亜鉛陽極を鉄ケース（バスケット）に入れて使用すると、休業休止時に、鉄と亜鉛が化学電池を形成し、亜鉛が溶解してしまうので、長期間めっき作業を休止するときは、鉄ケースを引き上げて保管する。
③ 添加剤と光沢剤なしでは、粗雑な析出となり使用できない。適量を保たないと、孔あけ、曲げなどの機械加工性が低下する。少ないと焼けが発生し、光沢が悪くなる。
④ 浴管理は、R比が11～13になるようにする。

$$R比 = \frac{水酸化ナトリウム\frac{g}{\ell}(NaOH)}{金属亜鉛\frac{g}{\ell}(Zn)}$$

例えば、ZnO 10g/ℓ、NaOH 100g/ℓからなる浴を考える。ZnとOの原子量からZnO＝65＋16＝81g。Zn量の割合は65÷81≒0.80。浴中の金属亜鉛分は10g/ℓ×0.8＝8g/ℓ。

よってR比＝$\frac{100}{8}$＝12.5となる。

R比が低いとふくれが発生しやすくなる。
⑤ シアン化亜鉛めっき浴と比べて、浴の電解洗浄の効果が劣るので、前処理を確実に行う。不具合の原因はほとんどは脱脂の不十分による場合が多い。

3.4.4 塩化亜鉛めっき浴

塩化亜鉛めっき浴の利点としては、
① シアンを使用しない。
② 陰極電流密度が高く、めっき速度が速い。
③ 水素ぜい性をおこしにくい。
④ 鋳鉄や窒化鋼に直接めっきができる。
⑤ ジンケート浴よりもクロメート処理が容易。
などがあげられる。

欠点は、
① 浴の均一電着性が劣る。
② めっき皮膜の展延性が劣り、浴中に鉄分が増加するともろくなる。
③ めっき膜の残留応力が高くウィスカが発生しやすい。
④ 腐食性が強く、設備、建物が腐食されやすい。
⑤ 浴の電解洗浄の効果は全くないので、前処理を確実に実施する必要がある。
⑥ バレルめっきで、めっきに斑点ができやすい。
などである。

浴組成には、表3-14に示すように塩化アンモニウム浴、塩化カリウム浴があるが、アンモニウム浴は光沢範囲が広く、コストが安いので、使用されることが多い。欠点は、カリウム浴と比べて、排水処理のコストが高くなることである。このほか、塩化アンモニウムと塩化カリウムを併用する浴が用いられている。

この塩化亜鉛めっきは相当に腐食性が高いので、できれば使用したくない。約1年（設備）で陳腐化がおきる例もある。

このめっき浴の作業上の注意点は、
① 金属不純物（銅、鉄、鉛、6価クロムなど）の影響を受けやすいので、めっき浴中に被めっき物やひっかけを落としたら、すぐに拾い上げなけ

ればならない。クロメート処理に使用された治具（ひっかけ）は重亜硫酸ナトリウム水溶液に浸漬して、クロムイオンを無害化してから使用する。6価のクロムがめっき浴に入ると3ppm程度でめっき面の光沢が悪くなり、ふくれが発生しやすくなる。
② 前処理を確実に実施し、電解洗浄を行うこと。
③ 静止浴では空気撹拌を実施したほうがよい。
④ 浴温度が低すぎるとふくれが発生しやすくなり、穴あけ、曲げなどの機械加工性が悪くなる。浴温度が高くなると光沢が悪くなり、めっき液がにごることがある。
⑤ 作業中pHは上昇気味となるので、薄めた塩酸で調整する。
⑥ 渡し棒（ブスバー）の腐食防止のためニッケルめっきをしておくか、チタンを被ふくしたブスバーをめっき浴中に沈める（水中ブスバー方式という）。

があげられる。

3.5 金めっき

3.5.1 金めっきの特性

　昔から金は高価だが、外観が美しく、大気中で変化せず、耐食性にすぐれているので古代からめっきが行われてきた。「金着せ」といって、金箔を接着剤でかぶせる方法や「水銀がけ」という水銀アマルガム法が古いめっき法であるが、現在では、電気金めっき、無電解金めっき、真空蒸着（PVD）が広く利用されている。

　装飾用の金めっきでは、好みの色調に合わせて、少量の銀、銅、ニッケルなどを加えることが多い。

　電子部品のめっきでは、リードフレームの金めっきは純金めっきであるが、

第3章 電気めっきの実際

電気接点、コネクターなどの金めっきでは、少量のニッケル、コバルト、銀、インジウムなどを加えた金合金めっきが行われている。金めっきには8つの形がある。後で簡単に説明する。

金めっきでは、金のイオン化傾向が小さいため、ピンホールがあると素材が腐食されるので、外観的には金めっき面が腐食されたように見える。素材の防食のために、しっかりとした下地ニッケルめっきを付けることが重要である。装飾めっきでも、下地に光沢ニッケルめっきを付けることによって外観が美しくなる。指輪、ブローチ、鎖などに装飾として使用され応用範囲は広い。

次にめっき浴を説明する。めっき液の種類は非常に多く、(1) 高温シアンアルカリ浴、(2) 低温シアンアルカリ浴、(3) 中性浴および弱アルカリ浴、(4) 弱酸性浴（純金用）、(5) 弱酸性浴（合金用）、(6) 強酸性浴（三価の金シアン化物を用い、ステンレス上の金めっきなどに用いる）、(7) ノーシアンアルカリ浴（亜硫酸金ナトリウムを用いる）など、多くの金めっき液が市販されている。

この中で、高温シアンアルカリ浴と低温シアンアルカリ浴を比較して、**表3-15**に示す。

表3-15　金めっき浴の比較

めっき浴の種類	浴組成 タイプ	添加物	めっき層の物性 めっき表面状態	金純度	特徴	用途
高温シアンアルカリ浴	（Group1）シアン系 65～90℃	なし	無光沢	99%	粗い析出 低電流密度 薄めっき用	コスト高（浴の劣化が早い）析出状態がよくない
低温シアンアルカリ浴	（Group2）シアン系 15～30℃	銀(Ag)	鏡面光沢	99%	よい析出 厚づけできる 均一電着性よい	厚づけめっき、純金色装飾用、工業用用途が広い

表3-16 高温シアン化金めっき浴組成

成　分			低濃度浴	中濃度浴	高濃度浴
シアン化金カリウム	[g/ℓ]	K[Au(CN)$_2$]	3	8	12
シアン化カリウム	[g/ℓ]	KCN	15	30	7
りん酸水素カリウム	[g/ℓ]	KHPO$_4$	1.5	30	
炭酸カリウム	[g/ℓ]	K$_2$CO$_3$		15	
温度	[℃]		60〜70	60	60〜70
陰極電流密度	[A/dm^2]		0.1〜0.5	0.2〜0.5	0.1〜1.0

　高温シアン化浴は、浴の劣化が早いため薄いめっきに用いられる。低温シアン浴は鏡面光沢が得られ、膜の均一性もよく、厚付けも可能である。

　高温シアン化金めっき浴組成を**表3-16**に示す。

　金めっき浴の作業上の注意点をまとめる。

① めっき浴の建浴には、純水を用いる。前処理、後処理にも、純水を使用したほうがよい。水道水中の塩素イオンは有害である。

② 陽極は不溶性陽極を用い、白金めっきされたチタンネット（網状）がよいが、アルカリ浴では18-8ステンレス鋼（SUS304）が使用されることがある。白金めっきは消耗するので、消耗したら再めっきをしなければならない。

③ 金めっきは空気撹拌はしない。陰極移動方式か、液循環方式とする。

④ 金めっき浴は高価なので一般に液容量が少なく、そのために浴組成の変動が激しく、手まめに薬品を補充しなければならない。積算電量計を用いて電流量に応じて薬品の補充を怠らないようにつとめる。また金属の析出によって生じる陰イオンの蓄積に注意しなければならない。

⑤ めっき後の回収層や水洗水から金を回収するには、イオン交換樹脂を用いるが、電解回収法、活性炭による吸着法が併用されることもある。金は高価なので、できるだけ回収するようにつとめる。

3.5.2　一般的な金めっきの工程と分類

装飾用の金めっきの工程は、アルカリ洗浄 → 水洗 → 電解洗浄 → 水洗 → 酸浸せき → 水洗 → 活性化 →水洗 → 金ストライクめっき → 純粋浸せき → 金めっき → 回収 → 水洗 → 湯洗　となる。

なお、金めっきは使用目的によって、クラスAからHまでの8つの形に分類される（**表3-17**）。高純度な金めっき膜は、クラスA、クラスD、クラスEである。工業的には、主にクラスEの硬い（CuやNiを含む）99.5％金を使用する場合が多い。

また、めっき液は金と金合金とで5種類のグループに分類する（**表3-18**）場合もある。

表3-17　要求項目

目的 (A～H)	使用目的によって
クラスA	装飾（24K）金　　　　　（高純度金） (2～4ミリオンス／インチ) 静止、バレル
クラスB	装飾、金合金 (2～4ミリオンス／インチ) 静止、バレル
クラスC	装飾、金合金、重量（20～400ミリオンス／インチ）静止 C-1 Karat　カラー　　C-2カラット含有
クラスD	工業的／電気的高純度　軟らかい金（20～200ミリオンス／インチ） 静止、バレル選択
クラスE	工業的／電気的高純度　硬い、光沢あり99.5％金 (20～200ミリオンス／インチ)、静止、バレル、選択
クラスF	工業的／電気的金合金、重量（20～400ミリオンス／インチ） 静止を選択
クラスG	再仕上げ、再生、普通、純金、光沢合金 (5～40ミクロン／インチ) 静止、選択、研磨
クラスH	さらに単純に巨大なもの、彫像建築物、その他、

表3-18 めっき液の分類

5種分類	
グループ1	金のためのシアン金アルカリ合金めっき クラスA–D　時々F–H
グループ2	高純金めっきの中性シアン化金 クラス（D．G）
グループ3	光沢の酸性シアン化金は硬質金と金合金めっき　時々 クラスB．C．E．G
グループ4	ノーシアン化物　普通硫酸塩、金と金合金めっき　時々 クラスA–DとF–H
グループ5	多方面の方法

3.6　銀めっき

3.6.1　銀めっきの特性

　銀は白色の貴金属で銅よりも軟らかく、金よりも硬く、価格は金の約1/30と安価である。人体に無害で、外観が美しく、熱、電気の良導体で、洋食器、装飾部品、電気部品、機械部品などにめっきされている。

　銀は19世紀の製造技術の発達によって初めて行われためっき金属の一つとして、早くから電気めっきが適用された。驚くべきことではないが、電気めっきのほか、置換反応および銀鏡反応を利用した無電解めっき法もある。

　銀めっきの欠点は、銀が空気中で変色しやすく、特に硫黄（いおう）を含む雰囲気にて、茶褐色、青黒色に変色し、外観および電気的接触が悪くなる。また、なじみ性がよいので、機械部品のしゅう動部分にめっきされる。

　最も注意することは、後処理をきれいな水、pH6.5～8.0の間で3回以上、手早く水洗し、乾燥させることである。特に銀、金、白金めっき膜は充分に水洗を行う必要がある。その際は、なるべく純水（pH7.0）を使用したい。

銀めっき液に使用する化合物の中には爆発性があるものが多い。安定塩は硝酸銀で、この塩が使われているめっき液が多い。爆発性のある銀の塩は雷酸銀（AgOCN）、雷銀（Ag$_2$O）アジ化銀（AgN$_3$）窒化銀（Ag$_3$N）などである。なかでも硝酸銀にアンモニア水で生じた沈殿が消去するまで加えたときにできる窒化銀の一種であるアンモニア性硝酸銀溶液は、トレンス試薬（Tollens' reagent）と呼ばれるものである。この試薬をホルムアルデヒド、還元糖、酒石酸などの還元物と温めると窒化銀の銀イオンが還元されて容器が銀めっきされる。これを銀鏡反応といい、種々の装飾Agめっきに使用されている。ただし、トレンス試薬を作り置きした翌日、研究室の3m四方の試薬瓶がこわれていたことがある。これは窒化銀（Ag$_2$N）ができ、発熱と何かの衝撃で爆発した結果である。

銀塩は扱い方が悪いと危険が生じるので、充分気を付ける必要がある。

電気めっき浴はシアン浴が一般的で、ノーシアン浴も開発されている。リードフレームのめっきでは、ノーシアンの高速度めっき浴が使用されている。

3.6.2　シアン浴

表3-19に、シアン浴の一般的な組成を示す。

シアン浴での作業上の注意をまとめる。

表3-19　シアン浴の一般的な組成

成　分		① 薄づけ用	② バレル用	③ 厚づけ用
シアン化銀	[g/ℓ]	5〜10	15〜25	35〜50
（銀）	[g/ℓ]	(4〜8)	(12〜20)	(28〜40)
シアン化カリウム	[g/ℓ]	13〜25	43〜73	68〜115
（遊離シアン化カリウム）	[g/ℓ]	(10〜20)	(35〜60)	(50〜90)
炭酸カリウム	[g/ℓ]	10	10	10
陰極電流密度	[A/dm^2]	0.2〜0.5	0.5	0.4〜1.0
温度	[℃]	20〜30	20〜30	20〜30

3.6 銀めっき

① めっき浴の建浴には、純水を用いる。前処理、後処理にも純水を使用したほうがよい。水道水中の塩素イオンは有害である。
② 銀めっき液は、置換反応による置換めっきをおこしやすいので、あらかじめ銀ストライクめっきをすべきである。銀ストライクめっきを3～5秒間めっきする。バレルめっきでは、バレルを1～2回転させれば、ストライクめっきが可能である。
③ めっき浴の使用温度は20～30℃であり、冷却装置が必要である。
④ 浴組成で遊離シアン化カリウムは金属銀の1～2倍とするが、銀濃度が高いときは若干多くする。多すぎると銀アノードが白色となる。
⑤ 銀陽極は高純度のものを用い、アノードバックか隔膜（かくまく）を使用する。
⑥ めっき後の変色防止には次の方法がある。（イ）ロジウムめっき（ロ）クロメート処理（例えば無水クロム酸100g/ℓ溶液に浸漬する）（ハ）メラミン系透明塗装（ニ）ワセリンを溶かした溶剤に浸漬する。
⑦ 銀めっき製品の保管は密閉した容器、袋などに乾燥剤を同封して防錆紙に包む。
⑧ めっき後の回収槽、水洗槽から銀金属を回収するための電解回収装置が市販されている。銀は電解によって回収しやすい。

なお、銀めっきを行う際には、銀ストライク被膜は必要不可欠とされている。銀ストライクの組成を**表3-20**に示す。上記のシアンベースのストライク銀めっき液は水洗の必要はない。銀ストライクの厚みは0.05～0.25μmである。

なお、銀めっきはめっきの中でも最も変色性のあるめっきなので、繰り返しになるが水洗を充分に行い、最終工程は純水pH7.0の水を使いたい。乾燥もなるべく時間を短縮して、可能ならば80℃ぐらい以下で行いたい。

3.6.3 高速シアンめっき浴

銀めっきで最近、電子部品、リードフレームなどに使用されている方法が高

表3-20　銀ストライクめっき浴の一般的な組成

銀として　KAg(CN)$_2$	3.5〜5g/ℓ
遊離シアン化カリウム（Free）	80〜100g/ℓ
炭酸カリウム（最小）（K$_2$CO$_3$）	15g/ℓ
温度	15〜26℃
電流密度	0.5〜1.0A/dm^2

表3-21　高速めっき浴の一般的な組成

銀としてシアン化銀カリウム　KAg(CN)$_2$	40〜75g/ℓ
接触性/緩衝剤塩	60〜120g/ℓ
pH	8.0〜9.5
温度［℃］	60〜70℃
電流密度［A/dm^2］	30〜380A/dm^2
撹拌	ジェットめっき
陽極	Pt・またはPt/Nb

速めっきである。シリコンチップは銀の電着膜をパッドとして形成し、これらを金またはアルミニウムワイヤを使用したワイヤーボンディング技術によって電気的結合を得ている。銀の厚みの範囲は1.875μmから5.0μmである。小さな面積の不溶性陽極の使用が要求され白金―被膜ニオビウム（Nb）網と白金ワイヤーを組み合わせた陽極が一般的に使用される。

3.7　クロムめっき

3.7.1　クロムめっきの特性

　クロムめっきは、めっき可能な金属の中で、一番変色のない表面の硬い、白色を帯びた金属膜を得られるめっきである。ただし、めっきのつき廻り性が悪いなど、一朝一夕ではできない長、短がある。例えば、鉄や銅合金などの素材

の上に、ニッケルめっきを行い、その上にクロムめっきはできるが、その逆はできない。

これは、めっきを行うときに流す電流の密度に関係している。すなわち、クロムめっきは電流（クロム6価）15〜40A/dm^{2}だが、ニッケルめっきは一般的には2〜4A/dm^{2}なので、電流の小さなニッケルはクロムの後には、付けられないことは自明のことになる。

めっきした金属クロムは、外観が美しく、大気中では変色しにくいので装飾クロムと呼ばれる。また硬さが高く、耐摩耗性、耐食性にすぐれ、硬質クロム金型めっきとして、機能めっき用に広く用いられる。

クロムはめっき応力が大きく、小孔、割れ目（クラック）を生じるので、下地めっきとしてニッケル、あるいは銅めっきをしてからその上に薄いクロムめっきをすることが多い。さらに耐食性を向上させるために、マイクロクラッククロムめっき、マイクロポーラスクロムめっきの手法がある。

装飾めっき用として黒色クロムめっきがあり、装身具（アクセサリー）、光学機械部品、ソーラーシステムの熱吸収パネルなどに用いられる。

3.7.2　クロムめっきの浴組成

表3-22に示す標準液はサージェント液ともいわれ、基本的な浴組成である。単純な浴組成で無水クロム酸とその1/100の量の硫酸のみであるが、電解によって生成される2〜5g/ℓの3価のクロムが必要である。建浴しただけでは良好なめっきを付けることができない。

クロムめっきでは不溶性陽極を用いるが、材質は鉛および鉛合金、またはチタン材に白金をクラッドしたものが用いられる。

金属分は無水クロム酸を補充する。

陰極電流密度が高く（10〜80A/dm^2）、めっき中に発生する水素ガスが無水クロム酸のミストとなり、人体に有害なので、排気装置を完全にする必要がある。

表3-22　クロムめっき浴組成

成分		低濃度	標準液	高濃度
無水クロム酸	[g/ℓ]	150	250	400
硫酸	[g/ℓ]	0.8〜1.5	1.3〜2.5	2〜4
（または硫酸クロム）		1〜1.8	(1.5〜3)	2.5〜5
ふっ化物	[g/ℓ]	—	—	—
比重	[Be]	13.5	22	32
温度	[℃]	45〜55	45〜55	30（40〜55）
電流密度	[A/dm^2]	10〜80	10〜80	7〜10（10〜80）
特徴		硬質クロム用 電流効率よい つき廻りがよい	もっとも使いやすい、ユニバーサル、黄銅を浸す	浴の変動が少なく、光沢範囲が広い

　クロムめっきはバレルめっきが困難で、特別なめっき装置が工夫されている。硬質クロムめっきでは治具の工夫が重要で、補助極が利用されることが多い。

　これらのクロムめっきの作業上の注意をまとめる。
① 浴組成はクロム酸と硫酸との比を重量比で100：1に管理する。硫酸がやや少ない浴は電流効率がよく、均一電着性も多少よくなる。硫酸がやや多い浴は、光沢が良好で電流密度を増すことができる。
② **図3-3**に示すように、浴温度は40〜60℃で、電流密度は7〜80A/dm^{2}で範囲が広いが、光沢のよい範囲は、浴温度が低いと、きわめてせまくなるので、実用的には45〜55℃の範囲が作業性がよい。
③ 浴中の3価のクロムは2〜5g/ℓがよく、多すぎるとめっき面にしみがつきやすく、つき廻りが悪くなる。少なすぎるとめっき面の光沢がさえず、

3.7 クロムめっき

光沢めっき範囲	
温度	電流密度
45℃	15〜30A/dm²
50 〃	20〜35 〃
55 〃	30〜50 〃
60 〃	45〜70 〃

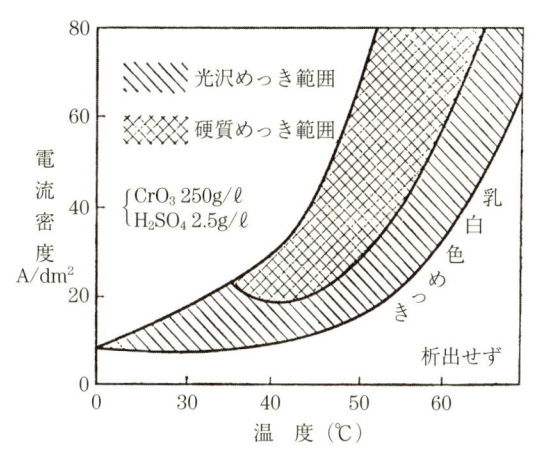

出典：「初級めっき」、丸山清、p.62、日刊工業新聞社（2008）

図3-3　浴温度と電流密度範囲

紫色のしみが生じることがある。

④ 鉛および鉛合金の不溶性陽極は、表面がクロム酸鉛になって消耗する。めっき休止時は、めっき浴から出しておくことが必要である。

⑤ めっき液は粘性が大きく、液のくみ出しが多くなるので、回収槽を用い、めっき液を戻すようにする。

⑥ 治具、ひっかけは電流密度に耐えるよう充分な断面積をもち、接触箇所を確実にする。

⑦ 鉄鋼素材に硬質クロムめっきを行うときは、密着をよくするために逆電処理を行い表面をエッチングする。例えば低炭素鋼では電流密度25A/dm²で30〜90秒間行う。クロムめっき浴中で行うことが多いが、クロムめっき液の廃液を利用して別槽で行うこともある。

3.8 パラジウムめっき

3.8.1 パラジウム特性

パラジウムめっきの特徴をまとめる。
① はんだ付け性にすぐれている。
② 金めっきの厚さを薄くするために金めっきの下地めっきとして用いられる。
③ ニッケルめっきよりも耐食性にすぐれる。

パラジウム電着膜は水素吸蔵し、微細なクラックをつくる。

3.8.2 パラジウムめっきの浴組成

代表的なパラジウムめっき浴の組成を示す（**表3-23**）。

電着膜は酸性塩化物からで半光沢でさえない色になる。電流効率は97～100％でめっき液は銅により著しく汚染する。pHは塩酸で調節する。

パラジウムは他の金属と容易に合金になるので、たくさんの合金にめっき応用される。最も重要な商業的なめっきとして、パラジウム—ニッケル膜があり、その組成はおおよそ30％から90％パラジウムである。電流制御することでおおよそ75～85％（重量）パラジウム組成が得られるこのパラジウム—ニ

表3-23　パラジウムめっき浴の組成

パラジウムとして（$PdCl_2$）	50g/ℓ
塩化アンモニウム（NH_4Cl）	30g/ℓ
pH	0.1～0.5
温度	40～50℃
電流密度	0.1～10A/dm^2
陽極	（純Pd）

表3-24　パラジウム―ニッケル合金めっき

（D）パラジウムとしてPd(NH$_3$)$_4$Cl$_2$・18〜28g/ℓ（金属パラジウム8〜12g/ℓ）
塩化アンモニウム60g/ℓ
塩化ニッケル濃度45〜70mℓ/ℓ（Ni 8〜12g/ℓ）
（pH 7.5〜9.0（アンモニア水で調節））
温度　30〜45℃
電流密度　0.1〜2.5A/dm^2
陽極：白金（Pt）

（注）　パラジウムニッケル合金の電着物は水素によって還元され切裂が生じる。純パラジウム電着物は固有添加物で光沢を出したり硬さを管理できる。

ッケル合金めっき浴の例を**表3-24**に示す。pHはアンモニア水で調節する。

第4章
各種めっきの選定基準

● 第4章　各種めっきの選定基準

4.1 めっきする目的の確認

設計者が原点に立って、採用するめっきを考える場合、
① 機能
② 変色や腐食
③ 機械的性質と加工性
④ 価格
などを考慮すべきである。

もちろん、部品としてのデザイン、目視の外観、重量も配慮する必要があるが、まず商品が美しく、きれいで見た目が良好であることが望ましい条件である。

めっきが初めての人々に実用的なめっきを知っていただくためには、まず、めっきされる材料およびその製品の性質を知ってもらうことが重要である。このことは、本当にめっきを行う必要があるかどうかの判断につながる。例えば、多少のさびの発生が許容できる部品であれば、めっき処理を行って耐蝕性を向上させる必要はない。めっき処理を行う工程が増え、コストも増加するためである。

また、酸性、アルカリ性、pHなどの化学用語は必ず知っておく必要がある。

さらに、これまでの図面をよく見て、どういう理由でこの部品にこのめっき処理が指定してあるのかを考えてみるのも、重要なことである。長い間、先輩達が努力を重ね、数々の失敗を乗り越えて、最適化した答えがそこには存在することを理解すべきである。さらに、新しいものを設計していくうえでの参考にもなるわけである。

各部品の設計上に関して適合したものを選択すべきである。ただ、誰でも知っているつもりでもさまざまな究極の点は奥が深く限界があり、試行錯誤を繰り返し、改善、改良をしていくことが必要である。

4.1 めっきする目的の確認

各めっき膜の硬さ、はんだ付け性、用途などを**表4-1**にまとめた。

めっきの目的とそれを達成するために使用されるめっき金属の例を**表4-2**にまとめた。

表面を美しくして、さびどめを兼ねる装飾用めっきとしては、金めっき、銀めっきなどの貴金属めっき、ニッケルやクロムなどの時計にみられる金属光沢をもたせたものが多い。

単純にさびを防ぐ防食用としては亜鉛めっきが主流であるが、電気器具などはニッケル、クロムめっきを使用している例もある。

クロム、ニッケルめっきを行い、表面を硬くして摩耗を防ぐめっきも実施されている。

電子部品ははんだ付け性、導電性を重要視するため、金、銅、すずめっきが主流となる。最近は、表面に希望の色を着色する目的でもめっきが使用される

表4-1 各種めっき膜の性質と用途例

	金属		浴、アルカリ	酸性	硬い	中間	柔らかい	ハンダ付け性	用途、応用	各金属融点
(1)	銅	(Cu)	○	○△			○	○	電線、銅合金、電極	1,084.5℃
(2)	ニッケル	(Ni)		○	○	△		△	ステンレス、磁石	(磁性体) 1,453℃
(3)	亜鉛	(Zn)	○	○		△		×	自動車、自転車	419.5℃
(4)	クロム	(Cr)		○	○			×	装飾用、工業用ロール	1,860℃
(5)	すず	(Sn)	○	○		○		○	ハンダ、すず食器	231.9℃
(6)	鉛	(Pb)	△	○				×	バッテリー、ハンダ付け、放射能金属	327.5℃
	貴金属		浴、アルカリ	酸性	硬い	中間	柔らかい	ハンダ付け性	用途、応用	各金属融点
(7)	金	(Au)	○			○			ネックレス、ブローチ、接点他	1,063℃
(8)	銀	(Ag)	○					○	銀古美、接点、鏡	960.8℃
(9)	パラジウム	(Pa)	○	○			×		ロジウムめっき、下地、水素吸蔵金属	1,552℃
(10)	ロジウム	(Rb)		○	○				コネクタースイッチ(銀の変色防止)	1,966℃
(11)	白金	(Pt)		○		○			チタン白金電極	1,774℃

○ 良好
△ 普通（条件による）
× 悪い

第4章　各種めっきの選定基準

表4-2　めっきの目的とめっき金属（例）

目的	説明	使われるめっき例	めっき製品の例
装飾	表面を美しくする さびどめを兼ねる	金、銀、銅、ニッケル、クロム、亜鉛（クロメート処理）	自動車、オートバイ、時計、アクセサリー、自転車
防食	さびどめ、変色防止、塗装の下地用めっき	亜鉛（クロメート処理）、銅、ニッケル、クロム、亜鉛合金	電気器具、ボルト、ナット、ワッシャー
表面硬化	表面を硬くし、摩耗を防ぎ長持ちさせる	クロム、ニッケル、無電解ニッケル	エンジンの摺動部、各種ローラー、金型
摩擦緩和	表面相互のなじみをよくしてキズをつけない	すず、複合めっき	ピストン、ピストンリング、エンジンシリンダー
酸化防止 窒化防止	焼き入れ防止	銅、すず	機械工具、各種
肉もり	寸法を合わせる	クロム、ニッケル、銅	同上
表面再生	同じ表面をつくる（電鋳という）	銅、ニッケル	金型
着色	めっき後に好みの色に着色する	銅、黄銅、亜鉛、銀、金（鉄）（ステンレス）（アルミニウム）	アクセサリー、家具
接着用	ゴムと密着させ、はがれないようにする	黄銅	エンジンの一部

こともある。

　設計者が自身の設計した製品、部品にめっきの指定を行う際の基本的な基準について考えてみよう。これまで述べてきたように、めっきとは部品などの素地材料に別の金属を密着させる処理であり、素地材料とは異なった機能を付与するものである。また、皮膜を形成することによって、素地材料にはなかった欠点を生じる場合もあることを認識したうえで選定しなければならないことはいうまでもない。できれば、めっきなどという部品製造の後工程をなくしたほ

うが、コスト的にも優位な場合が多い。

設計者はめっきを行うことを選択した場合には、
① 部品の使用目的、特性上に必ず必要であることを明確にすること。
② 素地材料の特性を認識すること（めっき膜と素地との適否があることを認識すること）。
③ 構造設計の場合、めっきしやすい構造に設計すること。
④ 製造工程、コストも含めてめっきを採用するかどうか検討すること。

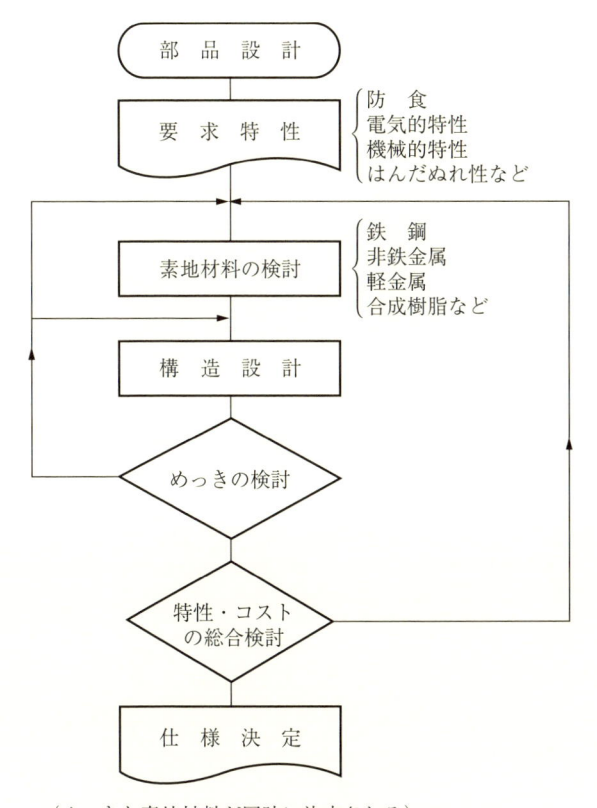

```
        部 品 設 計
            │
      要 求 特 性 ─┤ 防　食
            │   │ 電気的特性
            │   │ 機械的特性
            │   └ はんだぬれ性など
            │
     素地材料の検討 ─┤ 鉄　鋼
            │   │ 非鉄金属
            │   │ 軽金属
            │   └ 合成樹脂など
            │
        構 造 設 計
            │
        めっきの検討
            │
       特性・コスト
       の総合検討
            │
        仕 様 決 定
```

（めっきと素地材料が同時に決定される）

図4-1　めっき部品の設計時の検討フローチャート例

077

が必要である。

上記の各種事項の検討をフローチャートとして**図4-1**に示す。

4.2 めっき部品の設計要領

4.2.1 素地金属

　素地金属はその種類によって、めっきの密着性の低下、水素ぜい性による材質の劣化などの欠陥を生じる。各めっきにおける素地金属の適否を**表4-3**に示す。

　例えば、ステンレス鋼やりん青銅の場合、各種めっきは一般的方法では密着せず、最初に銅めっきストライクを行い、さらに下地として銅めっきを行うというような特殊な前処理が必要である。また、アルミニウム材にはほとんど密着せず、できればめっき処理を適用しないほうがよいといえる。ただし、アルミニウム材には各種アルマイトという別の表面処理方法がある。

　なお、炭素を0.35％以上含む熱処理を施した鉄鋼材料や高張力鋼、ならびに黄銅系材料には水素ぜい性と呼ばれる材質が使用中に割れてしまうという不良が発生する。これは、めっきの原理からもわかるとおり、めっき工程中に発生する水素がこれらの素地材料に吸蔵されて粒界に集まり、材料にクラックを生じさせる現象をいう。この現象を防止するためには、めっき後に脱水素処理を指定する必要がある。

　さらに、素地金属表面の各種欠陥はめっき品質を低下させる要因となるので、注意が必要である。素地表面の凹凸や傷はそのままめっき面に現れ、光沢や外観を悪化させるので要注意である。深い凹みや傷は内部にめっき液をはじめとした各種処理液を閉じ込め、やはり不良の原因となる。不具合としては、めっき膜のふくれ、密着不良として現れる。また、めっき液などの薬液が残存しているため、腐食の起点となる。この場合は、素地金属が腐食し、めっき膜

4.2 めっき部品の設計要領

表4-3 各めっきにおける素地金属の適否表

めっき		亜鉛めっき（クロメート処理あり）	ニッケルめっき	クロムめっき	硬質クロムめっき	金めっき	銀めっき	すずめっき	無電解ニッケルめっき	銅めっき
鉄鋼	冷間圧延鋼板	○	○	○	○	○	○	○	○	○
	機械構造用炭素鋼	○	○	○	○	○	○	○	○	○
	機械構造用鋼	□	□	□	□	□	□	□	□	□
	ステンレス鋼	―	□	□	□	□	□	□	△	○
銅・銅合金	銅	―	○	○	○	○	○	○	□	○
	黄銅	―	○	○	○	○	○	○	□	○
	りん青銅	―	□	□	□	□	□	□	□	○
	ベリリウム銅（熱処理あり）	―	□または×	□または×	□または×	□または×	□または×	□または×	□または×	□
アルミニウム（合金）	純アルミニウム	―	△	△	×	△	△	△	□	△
	アルミニウム合金ダイカスト	―	×	×	×	×	×	×	□	×
その他	マグネシウム合金	―	―	―	―	―	―	―	□	―
	亜鉛ダイカスト	―	□	□	×	―	―	×	□	□

注 記号の説明は次による。ただし、この評価は密着性よりみたものである。
　○：一般的作業手順・設備でめっきが可能なもの。
　□：一般的方法では密着しないため、特殊前処理などを必要とするもの。
　△：一般的方法では密着しないため、特殊前処理などを必要とし、しかも操作条件がシビアなもの。
　×：密着性、ぜい（脆）化、めっき液の浸入、はだ荒れなどの不具合が避けられないもの。
　―：下地めっきの選定または特殊前処理などによってめっきは可能であるが、そのめっきを施しても防錆その他機能的価値がないもの。

のはがれとして現れる。また、加工ひずみが大きい部品では密着性が低下する。深絞りなどの加工を行った部品にめっきする場合は、加工後の焼鈍処理を行い、加工ひずみを除去してからめっき処理を行うべきである。

鉄鋼材料などは溶接を行って部品を作製することもある。溶接部では、巣や細孔に各種処理液が残留して、さび発生の原因となる。溶接した部品にめっきを行うよう指定する場合、強度の許すかぎり、溶接による接合部面積を小さくすることが重要となる。

また、最近は自動車部品、電子部品でも亜鉛ダイカスト材の部品が多くなってきている。しかし、これらには必ず表面に巣があるため、処理液が残留して、さびを発生させる。この防止のためには、表面をおしつぶし、巣の開口部を塞ぐサンダー仕上げなどを実施すべきである。

4.2.2 形状・構造

めっき液が充分に流れこむか、部分での電流密度が同じであるかという形状に起因して、めっき厚さは形状により各部が異なる。これらのまとめを**表4-4**に示す。

平面のめっき厚さは中心部が薄く、周辺部が厚くなる。この傾向は面積が大きいほど顕著となる。凸面は中心部が厚くなり、凹面では中心部が薄くなる。これは、凹凸面の曲率に依存し、曲率が小さいほど均一性が悪くなる。外角のめっき厚さは角θが小さいほど厚くなるので、設計者は角θを大きくする、角を形成する際の半径rを大きくするなどの注意が必要である。また、内角の場合は角θが小さいほど薄くなり、著しい場合は溝状にめっきが付かない不電着現象が生ずるので、設計上留意すべきである。

3面が交差する隅部は内角と同様に著しく薄くなり不電着になりやすいので、半径rを大きくとる工夫が必要である。箱状の品物では縦と横の比が大きいほど、また深さが深いほど、めっきが付きにくいので、めっき処理を指定せず、素地金属を工夫すべきである。

4.2 めっき部品の設計要領

表4-4 めっき厚さの分布

形状	説明	説明図
平面 凹凸面	平面のめっき厚さは、中心部が薄く、周辺部が厚くなる。広い面になるほどこの傾向は大きくなる。凸曲面のめっき厚さは、平面より均一性はよいが、曲率半径が小さくなるほど均一性が悪くなり、中心部が厚くなる。 凹曲面のめっき厚さは、均一性は悪く、中心部が一番薄くなる。	
外角	外角のめっき厚さは、θが小さくなるほど厚くなる。 〔対策〕 (1) θを大きくする。 (2) rを大きくする。 (3) θ＝90°の場合はrを0.8mm以上にすることが望ましい。	
内角	内角のめっき厚さは、θが小さくなるほど薄くなり、著しい場合は不電着、みぞ状不電着になる。 〔対策〕 (1) θを大きくする。 (2) rを大きくする。	
対向面	対向面のめっき厚さは、Wが小さくなるほど、また、Lが大きくなるほど薄くなり、著しい場合は不電着となる。 〔対策〕 (1) Wを大きくする。 (2) Lを大きくする。	
みぞ 非貫通穴	溝および非貫通穴の底部のめっき厚さはHが大きくなるほど、また、Bが小さいほど薄くなり著しい場合は不電着になる。 〔対策〕 (1) H＜B/2にする。 (2) r＞H/4にする。	

　表4-4の説明図に示したように、めっきされる部品の形状によって、電着状態に違いが生じるため、めっき処理を適用する部品では、均一膜が形成できるような設計を心掛けなければならない。

4.2.3　めっき後の機械加工の影響

　めっきは製品の最終仕上げととらえることが必要であるが、どうしてもめっき処理後に機械加工が必要となる場合がある。加工としては、折り曲げ、かしめなどが後加工として考えられるが、めっきの種類や厚さによって割れを生じることが多々ある。

　このように、後加工することがあらかじめわかっている部品へのめっきは、めっき膜ができるだけ柔らかい（軟質な）半光沢、無光沢ニッケルめっきを用い、目的を満足する範囲でできるだけ薄くする必要がある。また、折り曲げ加工の場合は設計上可能なかぎり、あらかじめ、曲げておくのも一つの方法である。ただし、この場合も曲げの曲率rをできるだけ大きくすることが必要なことはいうまでもない。

4.2.4　障害防止対策

（1）　腐食に対する考慮

　めっき処理の役割の一つに素地金属の腐食を防止することがあるのは周知のことである。しかし、素地金属との組み合わせによっては、腐食を増長させる場合があることに注意が必要である。

　金属には電子を放出してイオンになる性質がある。このイオンになるためには、エネルギーが必要であり、この反応のエネルギーを電位として示したものを標準電極電位と呼ぶ。この標準電極電位の低い順、すなわち、イオンになろうという性質を大きさ順に並べたものをイオン化傾向という。主な金属の標準電極電位（イオン化傾向）を**表4-5**に示す。

　つまり、金属が金属イオンになりやすいということは、元の金属の姿よりも溶け出したほうが安定である、すなわち腐食した姿のほうが安定であるということになる。これらの金属を卑金属と呼ぶ。一方、金属の姿のままのほうが安定な金属もあり、貴金属と呼ばれる。ここで、**図4-2**のように、卑金属の代表としてイオン化傾向の大きい亜鉛と貴金属側にあるイオン化傾向の小さい銅を

4.2 めっき部品の設計要領

表4-5 各種金属の標準電極電位（イオン化傾向）

電極反応	E_0^0	電極反応	E_0^0
Li = Li$^+$ + e$^-$	−3.05	Fe = Fe^{2+} + 2e$^-$	−0.440
K = K$^+$ + e$^-$	−2.92	Cd = Cd^{2+} + 2e$^-$	−0.403
Ca = Ca^{2+} + 2e$^-$	−2.87	In = In^{3+} + 3e$^-$	−0.342
Na = Na$^+$ + e$^-$	−2.71	Co = Co^{2+} + 2e$^-$	−0.277
Mg = Mg^{2+} + 2e$^-$	−2.36	Ni = Ni^{2+} + 2e$^-$	−0.250
Be = Be^{2+} + 2e$^-$	−1.85	Mo = Mo^{3+} + 3e$^-$	−0.200
Hf = Hf^{4+} + 4e$^-$	−1.70	Sn = Sn^{2+} + 2e$^-$	−0.136
Al = Al^{3+} + 3e$^-$	−1.66	Pb = Pb^{2+} + 2e$^-$	−0.126
Ti = Ti^{2+} + 2e$^-$	−1.63	H$_2$ = 2H$^+$ + 2e$^-$	±0.000
Zr = Zr^{4+} + 4e$^-$	−1.54	Cu = Cu^{2+} + 2e$^-$	0.337
Mn = Mn^{2+} + 2e$^-$	−1.18	2Hg = Hg$_2^{2+}$ + 2e$^-$	0.778
V = V^{2+} + 2e$^-$	−1.175	Ag = Ag$^+$ + e$^-$	0.798
Nb = Nb^{3+} + 3e$^-$	−1.1	Pd = Pd^{2+} + 2e$^-$	0.987
Zn = Zn^{2+} + 2e$^-$	−0.763	Pt = Pt^{2+} + 2e$^-$	1.188
Cr = Cr^{3+} + 3e$^-$	−0.744	Au = Au^{3+} + 3e$^-$	1.498

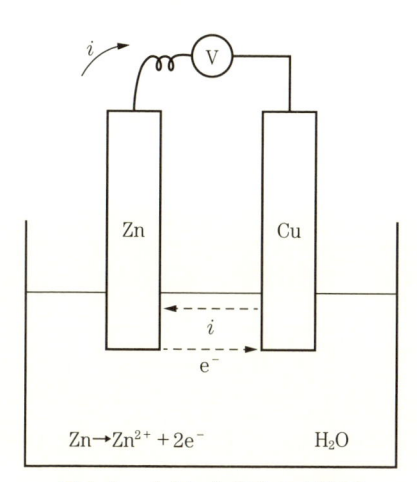

図4-2 イオン化傾向の実験例

第4章　各種めっきの選定基準

水に入れて導線でつないでみると、銅から亜鉛に向かって電流が流れる。これは、水の中で、亜鉛がイオン化して水に溶けだし、電子が水中を伝わって亜鉛側から銅側に移動したために電子の移動方向と逆に、電流が発生したことによる。このことは、水の存在する中で亜鉛と銅を接触させても同様におきる現象である。

上記のことを素地金属とめっき膜に当てはめてみよう。例えば、鉄鋼材料に直接銅めっきした製品を放置すると、イオン化傾向が大きく離れているため、結露などの水分が作用した場合、素地金属が腐食してしまうことを意味している。すなわち、めっき膜を形成することで、素地金属の腐食を増長してしまう例である。

ただし、この組み合わせを上手に利用している例もある。鉄鋼材料素地に亜鉛めっきを施した亜鉛めっき鋼板が例えばコンピュータの筐体などに盛んに使用されている。これは、素地金属よりもイオン化傾向の低い亜鉛をめっきすることで、亜鉛めっき膜が優先的に腐食しながら、素地の鉄鋼材を保護するという材料である。めっき膜厚によって、素地露出（素地腐食開始）までの耐久時間が異なることになる。このため、素地金属の粗さや欠陥といった表面状態よりもめっき膜本来の均質性や正常性が品質を左右することになる。

一方、鉄鋼材料素地にすずめっきを施したブリキ鋼板がある。この場合は、すずめっきに欠陥がなければ、すずのほうがイオン化傾向が高いため、すずが本来具備している耐食性を発揮して表面の腐食を抑制している例である。ただし、めっき膜に欠陥がある場合は素地表面が露出していることになり、局部電池を形成するため、腐食被害が大きくなる。素地金属の表面を平滑にして、欠陥の少ないめっき膜を形成する必要がある。

上記は極端な説明ではなく、腐食は異種めっき部品およびめっき部品と異種金属が接触する場合はいつでもおこり得る現象なので、設計者は注意しなければならない。一般には、素地金属よりもイオン化傾向の大きい金属をめっきすることが望ましいということである。これは、素地金属が腐食を受ける前にめ

っき膜金属が腐食されることによって、素地金属が保護されるためである。

　一方、貴金属系以外のめっき膜は大気汚染物質である、硫化水素ガス、亜硫酸ガス、亜硝酸ガスなどによっても腐食をおこすことは、一般の金属と同様であり、使用環境にも留意しためっきを選択する必要がある。

　なお、電子部品や自動車部品の場合などは各種の有機物とともに、半密閉空間で使用されることが多い。そして、これらの有機物から発生する揮発ガスや分解ガスによっても腐食をおこすことがある。例えば、テレビなどに使用されているフェノール樹脂系プリント基板からは、アンモニアガスやホルマリンガスが発生し、銅めっきや銀めっきを腐食する事例は後を絶たない。

（2）　めっき指定厚さ

　めっきを行う部品では、めっきを行う面の中で使用上およびめっき処理上重要な面を有効面として定め、めっき厚さを指定する。一般部品では、全体のめっき品質を代表でき、かつ検査可能な部分を有効面として定める。当然、箱物の内面コーナー部、パイプ内面、凹凸部、断面部、端部および先端部を除いた部分を有効面として指定する。

　めっき厚さの指定値とは、有効面におけるめっき厚さの平均的な値をいい、実務的にはめっき作業の目標値となる。上限値、下限値は有効面における最大めっき厚さと最小めっき厚さをいい、厚さのばらつきは±40%を見込んで指定することが望まれる。なお、無電解めっきの場合は±20～40%と均一性はよくなる。

　めっき厚さの指定による障害は、有効面の指定と厚さばらつきの指定不足が大半である。設計者が勝手に端部で厚さを測定して指定と違うといっても論議はなりたたない。めっき事業者とよく協議して指定厚さおよびそのばらつきと有効面を決定しなければならない。

4.3 目的別めっき膜の選択基準

4.3.1 防食を目的とする部品

防食性に関する選択基準を**表4-6**に示す。

防食を要求する部品用としては、下地金属によらずニッケルめっきが主流である。ただし、鉄鋼材料に対しては、コストおよび性能の面から亜鉛めっきが主流である。なお、下記の各種解説は屋内での使用を前提としているため、屋

表4-6 選択基準表（防食）

適用素地	防食性	めっき	用途例	外観色
鉄鋼	◎	亜鉛めっき	ねじ類 カバー	銀白色、浅黄色、黒色光沢
	◎	ニッケルめっき	ねじ類、一般機構部品	わずかに黄色味をおびた光沢ある銀色
	○	クロムめっき	耐食性の必要な部品 一般機構部品	光沢ある青白色
	◎	無電解ニッケルめっき	鉄心、ピン	わずかに黒味がかかったにぶい光沢のある銀白色
銅・銅合金	○	ニッケルめっき	スイッチ部品 一般機構部品	わずかに黄色味をおびた光沢ある銀色
	○	クロムめっき		光沢ある青白色
	○	無電解ニッケルめっき		わずかに黒みがかかったにぶい光沢ある銀白色
マグネシウム合金 アルミニウム合金	□	無電解ニッケルめっき	特に耐食性を必要とする部品	わずかに黒味がかかったにぶい光沢ある銀白色

◎：非常によい　　○：よい　　□：普通

4.3　目的別めっき膜の選択基準

外で使用する場合にはさらに充分な調査を実施したうえで、めっき金属を決定しなければならない。

また、製品への触手はその部分を腐食しやすくするため、取り扱い時はかならず、手袋を着用するとかのルールも必要である。

鉄鋼材料の防食を目的とした場合は亜鉛めっき、ニッケルめっき、クロムめっきが使用される。順に述べる。

亜鉛めっきは現在、亜鉛めっき鋼板および各種ねじ類以外はほとんど使用されていない。亜鉛めっきではその後にクロメート処理を行って、亜鉛めっき膜の耐食性を顕示してきた。しかし、2006年7月から施工されたEU（ヨーロッパ連合）の規制、通常RoHS指令によって、クロメート処理膜に耐食性をもたらす6価クロムの使用が禁止された。現在、ねじ類でも、6価クロメートに変わる3価クロメート処理やその他のクロムイオンフリーの処理が研究開発されている途上にある。

従来から電子部品の分野で鉄鋼素地に用いられてきたのがニッケルめっきである。一般のスイッチやコネクタなどの機構部品に耐食性を付与する目的で行う。ただし、ニッケルめっきは微細なピンホールと呼ばれる孔状の欠陥が発生する。腐食雰囲気が強い場所での使用では2層めっきとすることを推奨する。

一般機構部品でも特殊な用途の機構部品には無電解ニッケルめっきが適用される場合がある。無電解ニッケルめっきは通常のニッケルめっきに比べて、コストが約2倍以上であるために、非磁性を目的とする用途などに使用される。

クロムめっきも一般的な機構部品に使用される。ニッケルめっきに比べて酸化雰囲気において安定しており、長期に渡って特有の光沢のある青白色を維持する。ただし、亜鉛めっきの際に述べたように、クロムめっきでもオゾンなどの強い酸化剤のそばでは水などの電解液の存在によって、6価クロムを発生する場合がある。また、排水処理の場合にも6価クロムの問題があるため、国内のめっき業者はクロムめっきから撤退する動きも出始めている。このため、電子部品関連でも耐食性のためのクロムめっきの需要は減少してきている。

下地が鉄鋼材料の場合は、防錆油の塗布などを検討することが大事である。

一方、銅および銅合金への耐食性付与の目的のためには、ほとんどニッケルめっきか無電解ニッケルめっきが使用されている。

銅および銅合金は電気伝導性が良好なため、各種の電子部品で使用されている。耐食性が必要な部分は一般機構部品のカバーなどであり、この部分にニッケルめっきが適用される。ただし、銅合金、特に黄銅などの材料では、めっき時に発生する水素を内部に取り込み、これらが長期間後に粒界に集まって、クラックを引き起こす遅れ破壊（水素ぜい性破壊）をおこしやすいため、めっき後に熱処理を施す必要がある。

一部に下地が鉄鋼材料の場合と同じく、無電解ニッケルめっきが使用されるが、上記のように高価なこともあり、需要は少ない。また、一部にはクロムめっきも使用される場合があるが、こちらも上述の理由で減少傾向にある。

アルミニウム合金やマグネシウム合金へ耐食性を目的としためっき処理を施すことはほとんどない。特に耐食性を必要とされる部品にのみ、無電解ニッケルめっきが使用される。

アルミニウムやマグネシウムは標準電極電位が極端に低い金属であることから、大気雰囲気中では表面に極薄い酸化膜が生じており、耐食性を保持している。また、電気めっきを行う場合は、この酸化膜のために絶縁膜となり、めっきが付かないことが多い。この酸化膜をうまく除去して電気めっきを行うよりはそのままで使用したほうが耐食性がよいと判断されている。なお、特に耐食性が要求される場合には電流を流さないでもめっき膜が形成できる無電解めっきを行うことになる。

4.3.2　機械的性質を要求する部品

機械的性質、特に耐摩耗性に関する選択基準を**表4-7**に示す。

鉄鋼材料系、銅系材料系の下地金属に耐摩耗性を付与するためには、硬質クロムめっきの使用が一般的である。これは硬質クロムめっき膜の硬さがHv600

表4-7　選択基準表（耐磨耗性）

適用素地	めっき	用途例	外観色
鉄鋼、銅・銅合金	硬質クロムめっき	カバー、トッププレート	光沢ある青白色
鉄鋼、銅・銅合金、アルミニウム（合金）、マグネシウム（合金）	無電解ニッケルめっき	モータ	わずかに黒味がかったにぶい光沢のある銀白色

～1000と極めて高いことによる。例えば、摺動荷重を受けて摩耗する部品には硬質クロムめっきが使用される。ただし、硬質クロムめっき膜は内部応力によって割れを生じることがあるため、防食性はあまり期待できない。また耐食性の場合と同様に排水処理の問題、6価クロムの問題などで使用量は減少している。

また、無電解ニッケルめっきもモータなどに適用されている。この場合は無電解ニッケルめっきの特徴であるつき廻りの均質性を目的とする場合が多い。また、もちろん非磁性を目的とする場合も多い。

その他のニッケルめっき、通常のクロムめっきなどは上記のめっきに比べて靭性が悪く、摺動時などに脆く、ぱりぱりと粉状にはがれやすい欠点があるため、使用されない。

アルミニウム合金やマグネシウム合金の表面にさらなる機械的性質の向上、耐磨耗性を付与するには、耐食性の付与の場合と同様、無電解ニッケルめっきが使用される。これは、改めていうまでもなく、通常の電解めっきが充分に形成できないことにある。

4.3.3　はんだ付け性、電気的接続性

はんだ付け性、電気的接続性に関する選択基準をそれぞれ**表4-8**、**表4-9**に示す。なお、表4-8は230℃、2秒でロジンフラックスを用いたときの評価結果である。

第4章 各種めっきの選定基準

表4-8 選択基準表（はんだ付性）

適用素地	はんだぬれ性	めっき	用途例	外観色
鉄鋼	◎	すずめっき	シールド板	白色金属光沢色 白色無光沢
銅・銅合金	◎	金めっき	コネクタ一般、端子類	金色
銅・銅合金	◎	銀めっき	リレー端子類、同軸コネクタ	銀色
銅・銅合金	◎	すずめっき	コネクタ、端子類	白色金属光沢色 白色無光沢

表4-9 選択基準表（電気的接触性）

適用素地	めっき	用途例	外観色
銅・銅合金	金めっき	コネクタ一般、スイッチ一般	金色
銅・銅合金	銀めっき	コネクタ一般、リレー端子	銀色
銅・銅合金	ロジウムめっき	プリント板端子	光沢ある銀白色
銅・銅合金	すずめっき	コネクタ一般、端子類	白色金属光沢色 白色無光沢

　下地金属が鉄鋼系材料の例えば、シールド板などへのはんだ付け性を目的としためっきにはすずめっきとはんだめっきが一般的である。しかし、このような用途以外では、はんだ付けされる部品に鉄鋼系材料は使用されない。
　なお、電気的接続性を目的とした場合は鉄鋼系材料を下地として使用しない。
　一般にはんだ付けを使用する場合は、電気的接続性もあわせて議論される。この場合の下地金属は銅およびその合金が主役となる。そして、端子部などの接続信頼性を高めるためにすずめっき、はんだめっき、金めっき、銀めっき、ロジウムめっきが使用される。
　すずめっきはこれらの電気的接続端子に施すめっきの中ではもっとも安価であるので、コストの安い民需用の機器の一般端子に広く使用されている。な

お、もっとも一般的なすずめっきは光沢すずめっきであるが、代表的な不具合としてウィスカの問題がある。ウィスカ対策用としては特殊な光沢剤を使用しためっき液が開発されつつある。

　はんだめっきは共晶はんだ組成であるSn-60％Pbはんだ組成の膜をあらかじめ端子部にめっきで形成しておいて、別の端子部とはんだ付けする場合などに一般的に使用されてきた。はんだめっきでは、すずめっきにしばしば生じるウィスカの発生がほぼ抑制されるため、広く使用されてきたが、共晶はんだ中の鉛成分が、2006年7月から施行されたEU（ヨーロッパ連合）の規制、RoHS指令によって規制されたため、使用できなくなった。このため、従来のはんだと同等の電気伝導性と接続信頼性を併せ持つはんだ材料の開発が開始され、2012年現在ではSn-3％Ag-0.5％Cuの組成のはんだ材料が主流となっている。ただし、この鉛フリーはんだは銀を含むため、従来より高価であり、銀含量の削減の研究が行われている。そして、めっきで形成する端子部のはんだ組成も上記の鉛フリー組成になっているが、めっき液が高価であり、また、めっき条件が難しい。

　金めっきは接触抵抗が低くて安定であり、接続信頼性が高いことから、高級な機器の場合に使用される。コネクタ、端子類などに広く使われている。これは、はんだぬれ性が非常に優れているためだが、その反面、はんだ中のすずと反応して、硬くて脆い金属間化合物をつくる。はんだ付けを目的とする場合には、金めっき厚さは$2\mu m$が限度といわれている。

　金めっき膜は非常に柔らかいため、金めっき膜同士の端子を長時間締結したままにしておくと、いわゆる友金現象と呼ばれる金めっき膜同士の拡散接合によって、とれなくなってしまうことも発生するため、静止接点には用いるべきではない。金めっきといっても、すべてにおいて万能ではないことの一例である。

　大電流を流す接触力が大きな端子などには銀めっきが使用される。この理由は、金めっき膜と同様に電気伝導度も高い材料であるので接触抵抗が低くて安

定しており、接続信頼性が高いことにある。また、価格も金めっきの1/5と比較的安価であることも理由の一つである。

しかし、銀めっき膜は大気中の硫化水素などの硫黄系ガスによって、硫黄系皮膜が形成され黒化変色するので、接触力の小さい端子ではこの影響を受けてしまうので、注意を要する。

ロジウムめっき膜は硬いのが特徴であるので、すり接点で長寿命が要求される接点やピンに適用される。例としては、接続信頼性を検証するための検査機器のピンなどがあげられる。光沢のある銀白色の膜であるが、やはり、すずめっきの10倍程度のコストがかかるため、一般にはほとんど使用されない。

4.3.4 機械部品装飾用

装飾性に関する選択基準を**表4-10**に示す。なお、本表は機械部品の装飾用

表4-10 選択基準表（装飾）

適用素地	美観	変色安定性	めっき	用途例	外観色	備考
鉄鋼	○	○	ニッケルめっき	カバー用部品	わずかに黄色味をおびた光沢ある銀白色	長期において酸化により、くもりを生じることがある
鉄鋼	◎	◎	クロムめっき	つまみ、ファスナ	光沢ある青白色	ニッケルめっきに比較して安定であり、長期にわたって光沢を維持する
銅・銅合金	○	○	ニッケルめっき	シールドケース	わずかに黄色味をおびた光沢ある銀白色	長期において酸化により、くもりを生じることがある
銅・銅合金	◎	◎	クロムめっき	一般装飾部品	光沢ある青白色	ニッケルめっきに比較して安定であり、長期にわたって光沢を維持する

◎：非常によい　　○：よい

としたため、金、銀めっきなどは含まれていない。

　機械部品の装飾用としては、ニッケルめっきとクロムめっきが使用される。クロムめっきは美麗な光沢を長時間持続できる特徴がある。ニッケルめっきを長期に渡って使用した場合、表面が酸化してやや黒ずんだように変色するので、ニッケルめっきを採用するときは、この色変化も考慮する必要がある。

　なお、当然、金めっき、銀めっきも機械部品の装飾用として使用されている例もある。

第5章
各種めっきの不具合事例と対策事例

5.1 銅めっき

（1） 一般的な銅めっき

　銅めっきは、従来から鉄系素材へのめっきの下地材料として重要な役割を果たしている。一般に広く用いられているアルカリシアン化銅浴は鉄素材を溶解しにくいため、ストライクめっきとしても使用される。アルカリシアン化銅浴にて、ストライクめっきを行った後に光沢酸性硫酸銅浴にて、光沢めっきをほどこす工程が一般的である。ただし、銅めっき自体が表面に存在している部品は非常に稀であり、大部分はこの上にクロムめっきやニッケルめっきがほどこされる下地めっきとしての使用が多い。

　銅めっきは浴中の不純物の影響が大きい。特に、素材からの鉄や亜鉛の影響があげられる。こられがめっき浴中に溶解すると色ムラ、くもりやザラつきの原因となる。設計者は同じめっき浴で別の部品のめっきを行っていないかのチェックをしなければならない。

　また、一番怖いのが、鉛の混入である。鉛混入の最大の原因は使用する陽極材料にある。一般的には、陽極材料として純銅を使用するが、例えば、C1011電子管用無酸素銅は0.001％（100ppm）以下の鉛を規定している。しかし、C1020無酸素銅、C1100タフピッチ銅は鉛含有の値がないことから、鉛を含んだ状態でも規格内の材料となる。このため、これらの材料を使用した場合には、鉛が液中に溶け込み濃度が高くなることが懸念される。液中での鉛濃度が高くなると、外観的には表面が粗雑なめっきとなる。さらに、この鉛がめっき膜中にともに析出するため、RoHS指令の対象となることがあるので、注意を要する。実際には、外国産の純銅（C1020相当）を使用して、RoHS指令の許容値1000ppmを超えためっき膜の例もある。銅めっきを依頼する設計者は、使用する陽極材料の純度に着目する必要がある。

　なお、撹拌の影響として、撹拌が弱かったり、行わない場合はピットが発生

5.1 銅めっき

しやすいのも銅めっきの弱点である。これは、各電極での電流密度が低下するためであり、撹拌が激しく行われているか注意すべきである。

(2) プリント基板・半導体配線への銅めっき

近年は光沢酸性硫酸銅浴が発達して、このめっき浴を使用したプリント基板の銅箔製造や穴埋めめっき、はんだ付け用のすずめっきの下地めっきなど、電子部品めっき分野での応用が多い。

スタッドビアの穴埋めめっきの例を**図5-1**に示す。約$100\mu m$深さの$100\mu m\phi$のビアに約50分で銅めっきが均一にめっきされていることがわかる。また、右図では$100\mu m\phi$の小径ホールの内側に均一に約1mmの深さで銅めっきがされている。表面の配線パターンももちろん銅めっきであり、銅めっきはこのようなプリント基板の製造では欠かせない技術である。

図5-2は、半導体の銅配線の電子顕微鏡写真である。200nm以下のビアで上部と下部の配線をつないでいることがわかる。このような微細な穴埋めなどを行うための工夫として、平滑材と光沢剤が各種検討されており、これらの管理を充分に行わないと断線不良や穴埋め不足などの不具合の発生につながるので注意しなければならない。

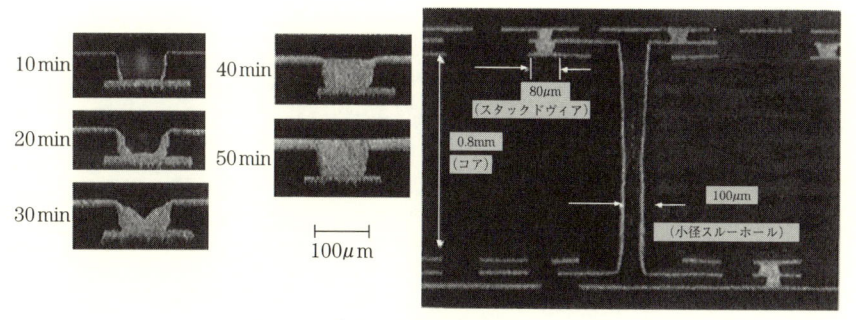

図5-1 プリント基板の配線めっき例

第5章 各種めっきの不具合事例と対策事例

200nm

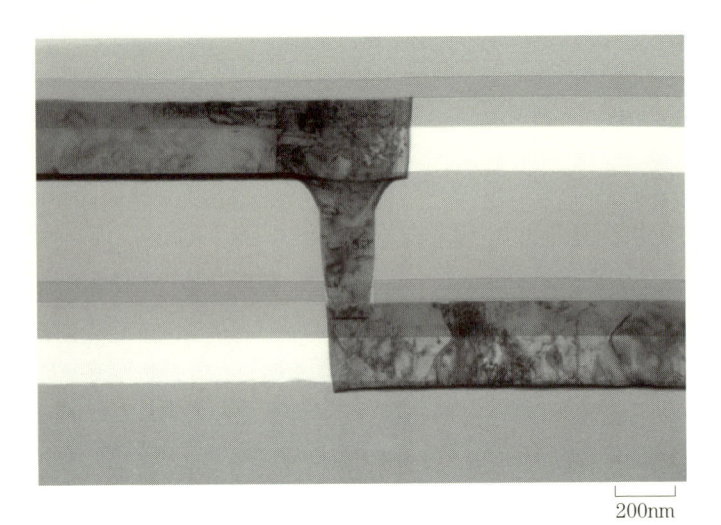

図5-2　半導体内部の銅配線部の電子顕微鏡写真例

5.2　ニッケルめっき

（1）　電子部品への応用

　ニッケルめっきは光沢、半光沢、無光沢めっきに分類される。このうち電子部品に使用されるのは光沢めっきが多い。光沢めっき膜は光沢剤として添加されているゼラチン・サッカリンなどの有機物がニッケルとともに析出してくるため、内部応力が高くかつ、表面に硬い酸化膜ができるため、一般の電子機器の接点材料には適さない。すなわち、接触圧力を150g以上とかなり大きくしても酸化膜のために接触抵抗は高いままであることによる。しかし、この表面が硬いこと（HV≈200）を利用して挿抜回数の多いコネクタや、微振動がかかるコネクタなどに利用することもある。

　ニッケルめっきが電子部品で利用されている大半は、金めっきやすずめっきの下地めっきとしての脇役としてである。下地金属に銅を使用し、金めっきを

直接ほどこすと、金が徐々に下地の銅に拡散していって金本来の黄金色の表面でなくなってしまうことが多々生じる。さらに、金本来の良好なはんだ付け性が阻害される。このことを防止するためにニッケルめっきを金めっきの下地として1～3μm付ける。

また、銅系下地材料にすずめっきを行う際にも、同様に下地膜としてニッケル膜を形成し、ウィスカを発生させるCu-Snの金属間化合物の生成を抑制している。

無光沢めっきは光沢剤を使用していないため、純度が高く、比較的延性があり、はんだ付け性も良好である。特に、900～1000℃の高温でも、密着性が良好であることから、金属とガラスを融着して密閉構造をつくるハーメチックシール部をもつ電子部品に使用される。

(2) 機械部品への応用

ニッケルめっきでの最大の応用は各種機械部品への応用である。この場合、一般的に使用されるのは、光沢ニッケルめっきである。

鉄系材料の腐食防止用としての用途が最も多い。ニッケルめっきで防食を行う場合に最も注意しなくてはならないことは微細なピンホールと呼ばれる孔状の欠陥の形成である。これは、めっき浴のpHの管理が難しいことによる。一般的にはpHの変動の緩衝剤としてホウ酸が添加されるが、その濃度管理が重要となる。pHが低くなると電流効率が下がり、水素ガス発生によるピンホールができやすくなる。逆にpHが高くなると、ニッケルの水酸化物ができるため、高電流密度で、めっき膜が茶色っぽくなるコゲ不良となる。

一般のめっきでは、コゲ不良は外観不良となるため、pHはやや低めに管理されており、どうしてもピンホールが発生してしまうことになる。ピンホールが存在する場合は、その部分の下地は大気と接触しているため、腐食をおこし、めっき膜表面に例えば赤さびが発生してしまうことになる。

ピンホール生成による耐食性の劣化への対策として、コストが少々高くなる

が、二層めっきとすることを推奨する。同じ3μmのニッケルめっきの場合は、例えば、1.5μmで一度引き上げて、再度、浴に戻すだけでよい。1層目のピンホール発生位置と、2層目の発生位置が重なる確率は非常に低いため、ピンホールからの腐食発生を抑止することが可能である。

ピンホールの存在による腐食例を示す。塩素系溶剤を使用している部屋に鉄系下地にニッケルめっきした製品を放置しておいたところ、さびが発生した。ニッケルめっきのピットから塩素系溶剤のミストが侵入し、下地の鉄を腐食したことが分析の結果からわかった。このように、ニッケルめっき品の耐食性は万能ではないことに注意する必要がある。

この他に、ニッケルめっきの機械部品への応用の場合に注意すべきことは、前処理工程に多い。例えば、洗浄不良による前処理液残存での未着、バレルめっきでの重なりによる未着などは後を絶たない。これは、ニッケルめっきが非常に活発に行われ、しかも一度に大量の部品にめっきをほどこすために生じる不具合である。ただし、受け入れ技術者にとっては、あくまでも未着不良であるので、検査を十分に行う必要がある。

また、光沢ニッケルめっき後に後加工として曲げ加工を行うとはがれやすい欠点がある。光沢ニッケルめっき膜は圧縮方向に高い内部応力をもち、かつ表面に硬い酸化膜があるので、曲げ加工で伸び側の応力が加えられると、その兼ね合いによってはがれてしまいやすい。これを防止するために、曲げ加工を必要とする部品には半光沢ニッケルめっきが使用される、光沢をある程度もちながら、内部応力が光沢めっきよりも低いため、曲げ加工時の外部応力にも耐えられる特徴をもっている。

なお、ニッケルめっきは厚付けが可能であるという特徴を有している。0.05μmという超精密な寸法をからなる母型にニッケルめっきを数10～数百μmを付けて、複製する精密電鋳が行われている。ニッケルめっきの硬さ、耐食性を生かした新しい技術であり、近年のマイクロマシン技術などのナノテクノロジーには欠かせない技術になってきている。

近年、自動車業界ばかりでなく、電子・情報機器業界でも、アルミニウムや亜鉛のダイカスト部品が安価で大量に生産できることから、多く使用されている。しかし、ダイカスト部品は巣と呼ばれる孔が無数に生じており、これらがつながっている場合もある。一般にはプラスチック材料を溶融したものを含浸処理しているが、アルミニウムや亜鉛が材料であるので、耐食性が悪い。このため、ニッケルめっきが一般に行われている。この場合、銅下地めっきをほどこしてからしかニッケルめっきを行ってはならない。銅は貴な金属なので、pHが低いニッケルめっき浴の中でも溶け出さずにバリア層を形成する。逆に、銅下地がない場合には、亜鉛やアルミニウムがめっき浴に溶け出してしまうことになる。また、ニッケルめっき液が巣の中に残留することもあり、この影響で内部から母材の溶け出しが生じることもある。このため、銅下地めっきが必須となる。ただし、この銅下地めっきの不良による障害も比較的多いため、全数検査を取り入れている業者も多い。

（3）　装飾部品への応用
　ニッケルめっきの銀色の輝きを装飾用部品に使用する例は多い。比較的安価な腕時計のバンドやネックレスなどは鉄系材料へのニッケルめっき品が多い。しかし、ニッケルめっき膜は人体の汗と反応して、皮膚にかぶれをおこすことが知られている。汗の成分には食塩、油分、蓚酸などが含まれている。これらとニッケルめっき膜が反応して、腐食がおこり、塩化ニッケルなどをつくり皮膚がかぶれる原因となっている。この問題を重要視して皮膚に直接触れる可能性のある電子機器には人工汗に浸漬してニッケルめっき膜の安全性を確認している例もある。
　なお、金めっき品の下地めっきとしては現在でも使用されており、金めっきが薄い場合や特に汗かきの人の場合は注意を要する。

5.3 すずめっき

(1) ウィスカ

　これまで何度も述べてきたように、すずめっきは安価な電子部品に大量に使用されている。ただし、代表的な不具合としてウィスカ発生の問題がある。一時期ははんだめっきを行うことでウィスカ発生を防止できていたが、鉛を含むはんだの使用が規制された現在、古くて新しい問題としてすずめっき膜を使用するうえで最大の重要課題となっている。ここではウィスカについて詳述する。

　ウィスカは、1948年にアメリカのBELL研究所にて初めて発見された。BELL研究所が管轄している電話回線で故障が頻繁に発生した。その原因を調査した結果、蓄電池極板のめっき面から成長したすずとカドミウムの繊維状金属結晶による短絡障害であることを突き止めた。この繊維状金属結晶が猫のひげのように成長したことから、発見者がねこのひげという意味のウィスカと命名したのがはじまりである。ウィスカは径がミクロンオーダーなのに対して長さが径の10倍以上に成長する単結晶であり、その材料の理想強度に近い強度をもつ材料的には興味深い材料である。

　すずめっきウィスカの形状には大きくわけて4種あるといわれている。それらを図5-3に示す。ノジュール状、円柱状、スパイラル状と針状の4種である。電子部品で最も悪影響をおよぼすのは、もちろん針状ウィスカであり、発生確率ももっとも高い。

　ウィスカの発生原因として有力な説をあげておく。それは、図5-4に示すようにめっき膜の圧縮方向に働く内部応力を駆動力に、めっき膜表面の酸化膜の欠陥からめっき膜金属が再結晶により成長するということである。

　再結晶とは、模式的に図5-5に示したようにめっき直後の大きなひずみがある結晶粒の大きなひずみを緩和するために、その結晶粒の中にひずみのない結晶粒が新たに発生、周囲のひずみの多い粒を蚕食して成長することで膜全体と

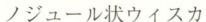

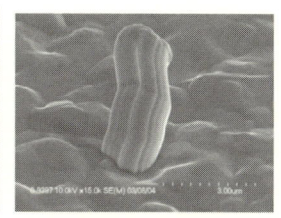

ノジュール状ウィスカ　　円柱状ウィスカ　　スパイラル状ウィスカ

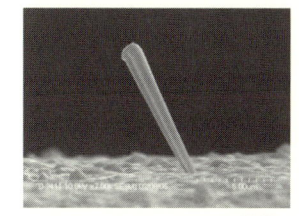

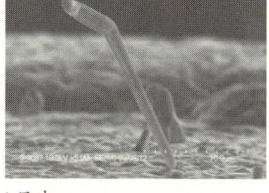

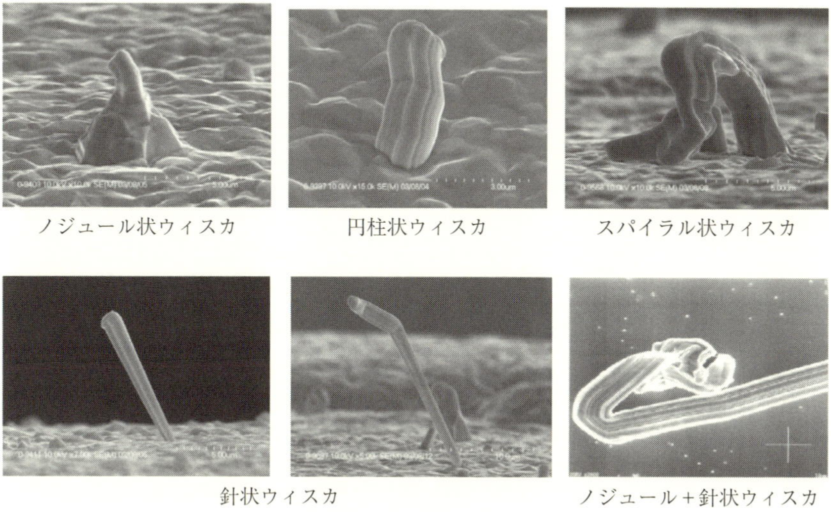

針状ウィスカ　　　　　　ノジュール＋針状ウィスカ

図5-3　各種ウィスカ

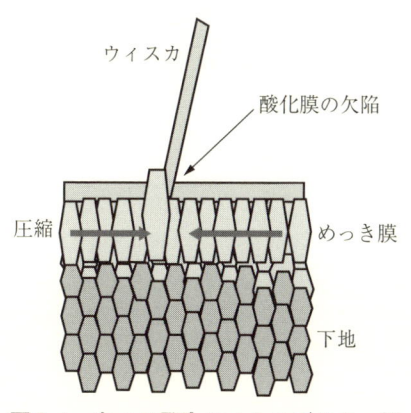

図5-4　ウィス発生のメカニズムの一例

してのひずみをなくしていく過程をいう。
　すなわち、ウィスカの発生は、めっき膜の再結晶過程であるということである。このことは、**表5-1**に示す各種金属の再結晶温度とウィスカの出やすい金

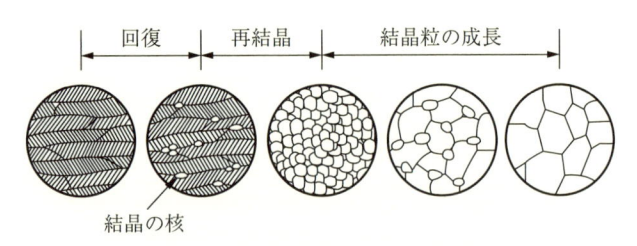

●第5章　各種めっきの不具合事例と対策事例

図5-5　金属の再結晶化を示す模式図

表5-1　各種金属材料の再結晶温度

金属	融点（℃）	再結晶温度（℃）
Mg	651	150
Al	660	150～240
Fe	1535	350～500
Ni	1455	530～660
Cu	1083	200～250
Zn	419	7～75
Sn	232	−7～25
Cd	321	～25

属との関連からも説明される。表5-1に示すように、ウィスカを発生させやすい亜鉛、すず、カドミウムなどの金属は常温で再結晶する。このことから、めっき後の常温放置でウィスカが発生することもうなずける。なお、条件しだいでは、銀や銅でもウィスカが発生する危険があることを付記する。

実際にすずめっき膜において再結晶を観察・分析した例を図5-6に示す。

図の(b)からウィスカが単結晶であることがわかる。また、図の(c)からウィスカの根元部の結晶粒は粗大化しており、再結晶していることがわかる。また、成長速度が極めて速いので、原子の供給が追いつかないことを裏付けるように根元部にはボイドが発生している。

5.3 すずめっき

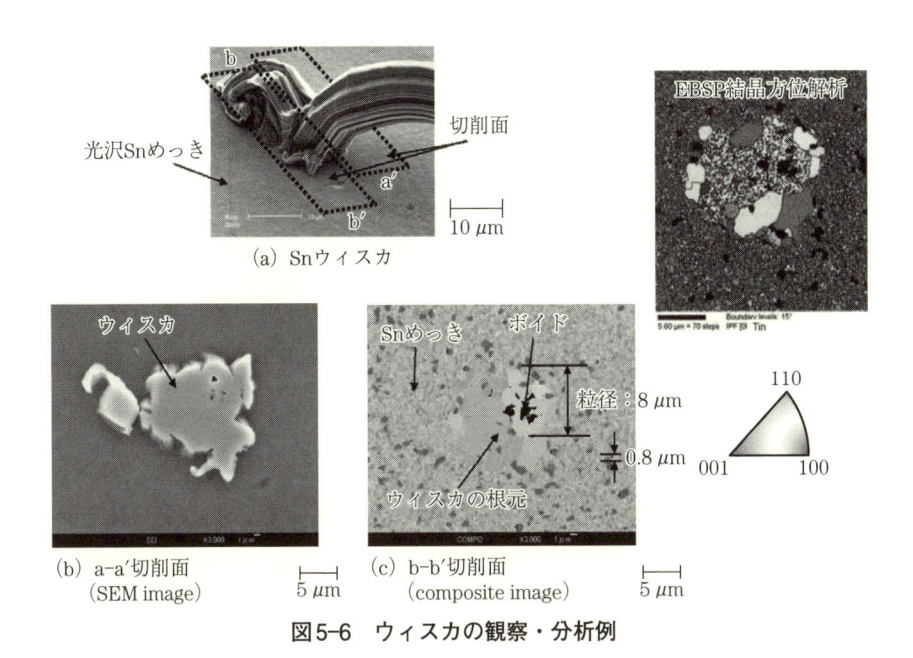

(a) Snウィスカ

(b) a-a'切削面
(SEM image)

(c) b-b'切削面
(composite image)

図5-6 ウィスカの観察・分析例

　これらの再結晶を促すめっき膜中のひずみの原因となる圧縮応力の発生源としては、めっき膜中への水素の取り込み、めっき膜の厚さ、下地金属との格子定数のずれなどが考えられている。また、すずめっき膜ウィスカで最も大きな内部応力の原因として、図5-7に示す下地の銅との金属間化合物の成長があげられている。下地の銅とすずの間には各種の金属間化合物を生成するが、通常のCu$_3$Snは結晶粒の整合性がよく、Cu$_6$Sn$_5$ができると整合性が悪く応力が増大するといわれている。

　これらのどのような金属間化合物が生成するかどうかは拡散量に依存する。

　さらに、これらを十分に管理したとしても、外部からの応力の影響もある。例えば、下地金属との熱膨張差、後加工応力、コネクタ嵌合による応力などが複雑にからみ合う。下地金属とすずめっき膜の熱膨張係数を表5-2に示す。

　半導体素子の端子に使用されるFe-42%または52%Ni合金の熱膨張係数

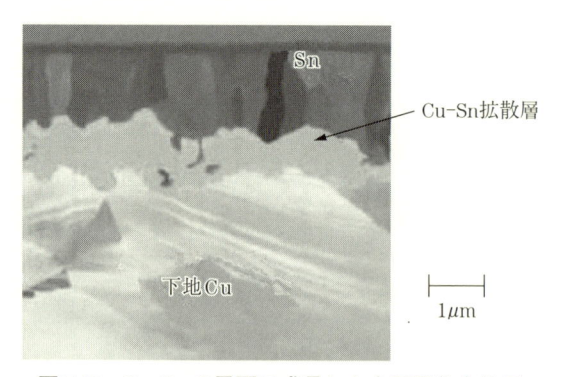

● 第5章　各種めっきの不具合事例と対策事例

図5-7　Cu-Snの界面に成長した金属間化合物層

表5-2　下地金属とすずめっき膜の熱膨張係数

元素	結晶構造	原子間距離（Å）	熱膨張係数（ppm）
Sn	正方	3.022	23.5
Cu	面心立方	2.556	17.0
Fe	体心立方	2.482	4.2 [42alloy]
Ni	面心立方	2.492	

4.2ppmに対してすずめっきの熱膨張係数は23.5ppmとかなり大きいため、この差によって熱応力が発生し、これが駆動となってウィスカが発生する場合が多い。このため、はんだめっきが鉛含有のため、使用できなくなってからはFe-42%または52%Ni合金は半導体素子の端子材料としてほとんど使用されなくなっている。

ウィスカは図5-3に示したように表面から空間に向けてひげ状に成長する。この成長方向には表面の欠陥が大きく影響する。

すずめっき膜にできる欠陥の原因例を**図5-8**に示す。(a)に示したように下地金属である銅のすずめっき膜への拡散によって、金属間化合物が生成されるために、めっき膜自体が隆起し、表面を食い破ることが1つである。また、(b)

5.3 すずめっき

(a) 下地原子拡散によるウィスカ　観察用保護膜

(b) 傷から出るウィスカ

(c) 削り屑からのウィスカ

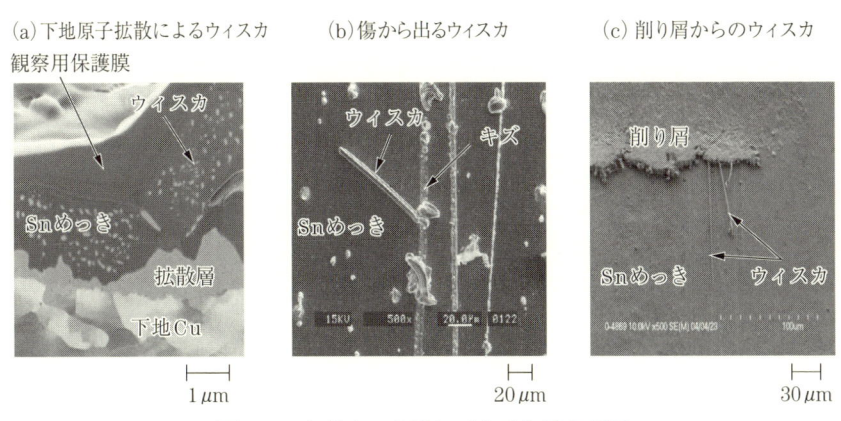

図5-8　すずめっき膜にできる欠陥の原因

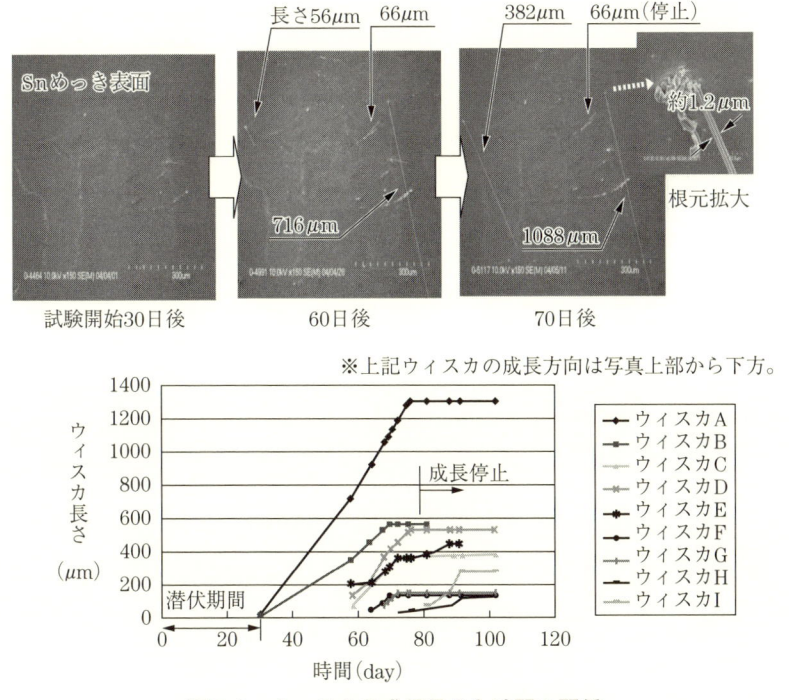

図5-9　ウィスカの成長長さと時間の関係

107

に示すように加工されたときや取り扱い時の傷による欠陥、コネクタなど嵌合して使用する接点の擦り傷による欠陥もあげられる。また、(c)に示すようにすずめっき膜では削り屑がめっき膜上に乗りかかっている場合があり、その削り屑からウィスカが発生するときもある。

実際に曲げ応力を付加して常温に放置したすずめっきからのウィスカの成長を観察した例を図5-9に示す。

この試験ではウィスカ発生までの潜伏期間が約30日、観察した9本のウィスカの中でもっとも成長が早いウィスカではその後の30日で716μmも成長していることがわかる。そして、内部応力を使い果たして再結晶が終了し、成長がとまるのは、放置後約70日であった。ただし、これはほんの一例であり、これよりも成長が早い場合もさらに長くなる場合もあることに注意することが重要である。

電子部品関連でのすずめっきウィスカの発生要因をまとめた（図5-10）。

すずめっきそのものでは、めっき厚さが1～3μmのときに、またまためっき膜の粒径が1μm以下のときに発生しやすい。また、100％すずめっき浴やSn-Cu浴からのめっきはウィスカを発生させやすい。

Sn-Cuは、はんだめっきが規制対象となった2006年からアメリカ系の企業でウィスカ対策用めっきとして採用された経緯があるが、その後の研究によって、やはりウィスカが発生しやすいめっき膜であると判定されており、注意を要する。また、当然ながら内部応力が高くなる光沢めっきはウィスカが発生しやすい。

下地材料の影響も受ける。上述したように、銅系合金類では黄銅がもっとも危険である。よく端子として使用されるりん青銅も金属間化合物が生成しやすい。また、Fe-42％または52％Ni合金は温度サイクルなどを受ける部品では熱膨張係数の差が大きいため、危険度が増大する。その他、めっき方法や外部応力もウィスカの成長に影響をおよぼすので、これらについて、十分に管理しためっきを行わなければならない。

5.3 すずめっき

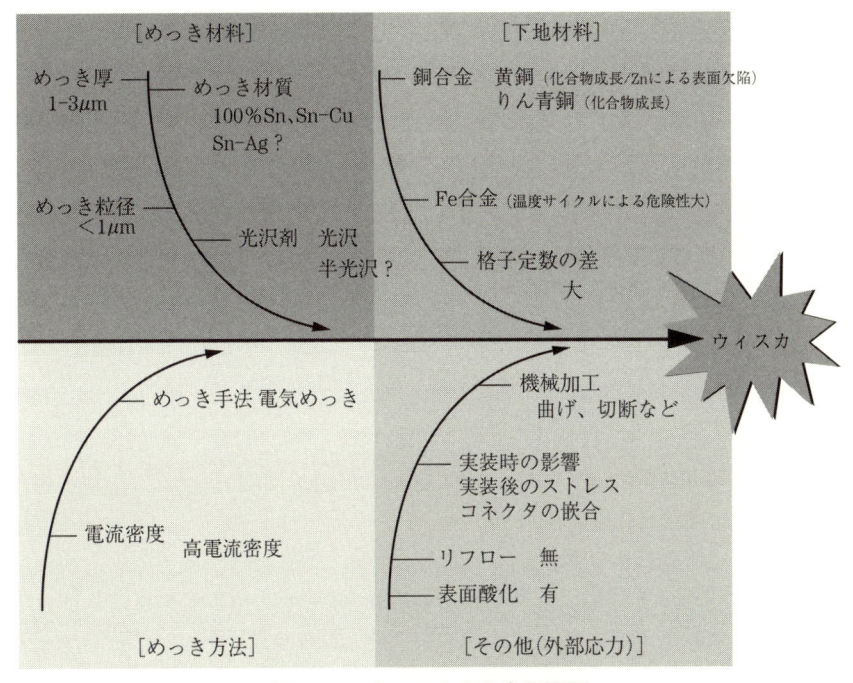

図5-10 ウィスカの発生要因図

　すずめっき膜に発生したウィスカによる不具合事例としては、電気すずめっき銅線にウィスカが発生し、2mm離れた金属管とショート障害をおこした例がある。また、端子板にすずめっきを使用していたが、1.6mm離れた筐体と接触してショート障害をおこした例がある。また、これらのウィスカが折れて回路基板の上に落ちてショート障害をおこした例もある。

　図5-11に示したのは、半導体の端子に発生した100%すずめっきからのウィスカである。実際には、製造後3.5ヶ月でみつかったものであり、ものによって、潜伏期間が違っていることの証左にもなるものである。

第5章 各種めっきの不具合事例と対策事例

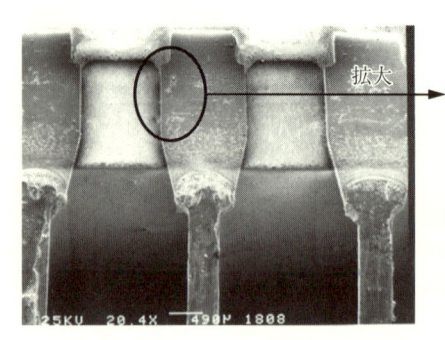

図5-11 端子に発生したウィスカ

（2） 黄銅にめっきした際の亜鉛の拡散

　加工がしやすく、かつそれなりの電気特性を有し、かつ機械的にも多少のばね性をもち、安価である黄銅がコネクタ端子の材料として使用されている。黄銅は銅と亜鉛の合金であるが、亜鉛はすずめっき膜の粒界にそって拡散し、表面に亜鉛酸化膜を形成することが多い。**図5-12**は黄銅にすずめっきを行った場合のウィスカ発生部位をオージェ電子分光分析で調査した結果である。すずめっきの粒界部分に亜鉛と酸素が多いことがわかる。このような亜鉛の拡散は、ウィスカの原因となる内部応力を生み出すほかにも、例えば、はんだ付け不良の原因となるため、注意しなければならない。また、亜鉛は腐食しやすい金属であるため、すずめっき膜の粒界からの腐食の因ともなる。この場合は表面が黒化してきて、目視検査での不具合となる。さらに酸化物となっているため、硬くて脆い性質もあり、めっき膜剥離も生じることがある。

　防止方法は、黄銅にすずめっきを行う場合は、かならず下地に銅めっきを行うことである。この場合、下地銅めっきは最低1μmは必要であり、薄すぎても表面の黒化は防げないので、注意する必要がある。

（3） 光沢レベルの取り決め

　すずめっきはその表面状態によって、おおよそ、**表5-3**に示すように光沢め

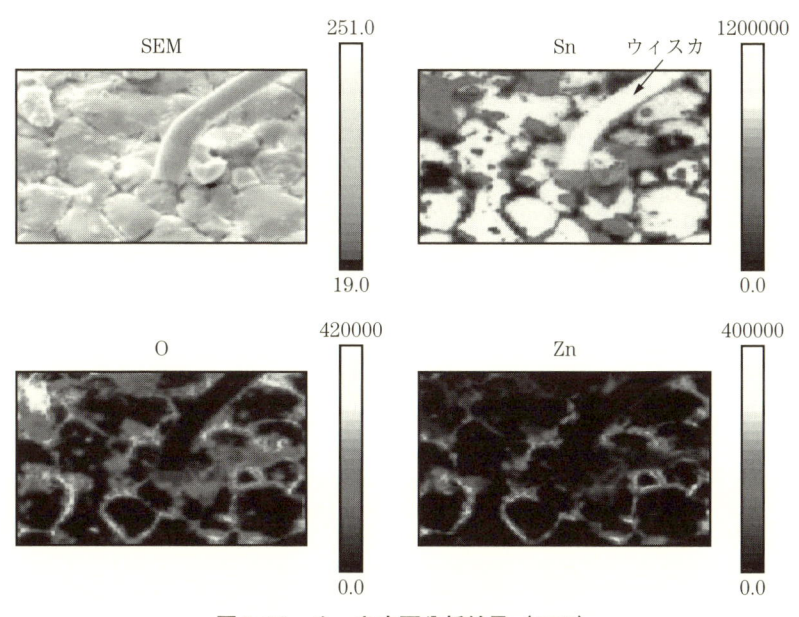

図5-12 めっき表面分析結果（AES）

表5-3 すずめっきの種類

項　目	光　沢	半光沢	無光沢
はんだぬれ性	良　好	光沢よりやや悪い	経時劣化が著しい
はんだ付けによるふくれ	あ　り	光沢より発生しにくい	な　し
耐食性	良　好（ふくれ部も良好）	無光沢よりややよい	悪　い
外　観	美　麗（光沢持続）	精度は無光沢と同じだが経時劣化は少ない（指紋が付着する）	悪い（経時劣化があり、特に指紋が付着しやすく変色する）

っき、半光沢めっき、無光沢めっきの3種類に分類される。一般の光沢めっきは電子部品で使用するときにははんだ付け時にふくれが生じて、外観不良の原因となることがある。これは、リフローはんだ付けのときに顕著に現れ、がまはだと呼ばれる。ふくれを問題視する場合は半光沢・無光沢めっきを採用しなければならない。半光沢・無光沢めっきでは、めっき表面の具合もまるで違うので、すずめっきを指定するときにはきちんと取り決めを行わなければならない。

（4） 微摺動摩耗

電子機構部品では、すずめっき膜を使用した接点を数多く使用している。このすずめっき接点では、ごくわずかの相対的すべりが加わることによって、酸化腐食が生じる。これを微摺動摩耗（Fretting-Corrosion）という。近年、電子機構部品がダンプトラックをはじめ、家庭用の車に多く載せられるようになってきた。車の走行中の道路の振動が電子機構部品にはもろに振動として伝わる。この振動によって、接点部での導通不良を引き起こすことになる。詳しい原理を**図5-13**に示す。

微摺動の繰り返しにより、接触部には新生面ができる。新生面は非常に活性なので、空気中の酸素によって、すぐに酸化され酸化膜を生じる。また、場合によっては、空気中の他のガス、例えば、硫黄系のガスによる硫化もおこるこ

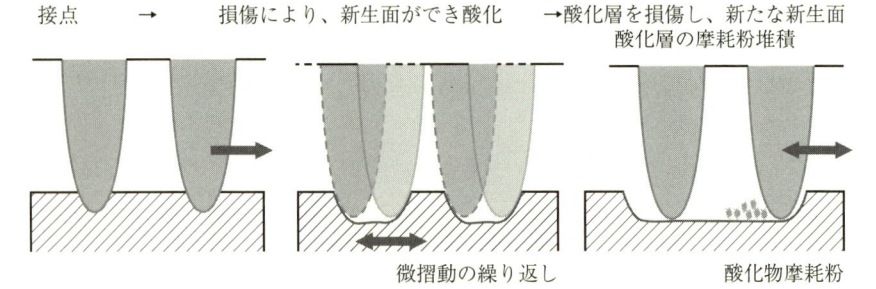

図5-13　微摺動摩耗の原理説明図

とがある。ここで、さらに微摺動が繰り返されると、今度はこの酸化膜が損傷され、新たな新生面ができることになる。この繰り返しによって、接触部に大きな孔ができるとともに、その部分に削り取られた酸化膜が摩耗粉となって堆積することになる。この酸化膜の摩耗粉の上に接点が載ると、導通不良を引き起こすことになる。しかし、微摺動の繰り返しによって、次の瞬間には酸化膜微粉の上から接点が移動するため、導通不良は一瞬だけとなる。この繰り返しによって、接触部分の抵抗値が徐々に上昇し、ついには不良となる。

微摺動摩耗の特徴は、表面の変色とピンホールの生成をともなうことにある。表面の変色は急激な酸化物の生成と除去によって生じ、動作を悪くしたり、接点部がつまったりする。また、ピンホールは使用中のさらなる微振動の繰り返しによる疲労破壊の起点になるので、注意が必要である。

この微摺動摩耗がおこりやすい接点材料の組み合わせがすずめっき膜接点同士である。接点に使用されるめっき膜は、すず以外は銀か金である。これらの材料は貴金属であり、酸化物をつくりにくいために微摺動摩耗はおこらない。そこで微摺動摩耗の防止方法としては、すずめっき膜同士のような柔らかい酸化膜をつくりやすい金属の組み合わせは避けること、また、接点の一方はかならずすずよりも硬い異種金属にすることがあげられる。潤滑剤の使用も効果はあるが、長期間メンテナンスができない場所での接点には潤滑剤の揮発などが生じるため、不向きである。

設計者は接点部に微摺動摩耗がおこらない構造を選ぶべきであるが、接点には機械的動作がつきものである。また、接点金属や下地金属材料の違いやハウジング材料の影響など、使用材料によって熱膨張係数が異なる結果として、必ず微摺動がおこることを念頭においた設計を行う必要がある。

図5-14に、すずめっき接点の微摺動の繰り返し回数による抵抗値の変化の測定例を示す。

8,000回付近で瞬間的に抵抗値の上昇が認められ、その後、10,000回あたりから、瞬間的な上昇回数が増え、ベースの抵抗値も次第に上昇していくことが

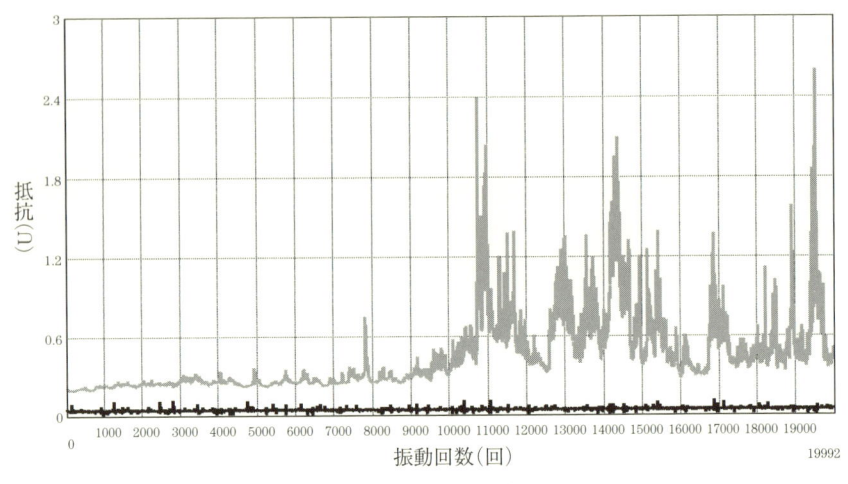

● 第5章　各種めっきの不具合事例と対策事例

図5-14　抵抗測定結果

図5-15　微摺動摩耗後の接点部の観察例

わかる。

　微摺動摩耗をおこした接点部の走査型電子顕微鏡写真を示す（**図5-15**参照）。摺られた痕が横方向にあり、丸い、微小な摩耗粉が集まっている部分や

散らばっている部分があることなどがわかる。なお、元素分析の結果、この部分には当然ながら酸素が多く検出されている。

（5） すずめっき膜からの鉛の検出

すず100％のめっき膜を要求した設計を行い、すずめっき処理を実施していた部品において、あるロットから鉛が100〜2000ppm検出されるようになった例がある。国内のめっき会社であり、管理も適切であったし、下地材料は黄銅であり鉛が混入する要素もなかった。当初はめっき液のろ過でなんとかしのいだが、根本原因がはっきりしなかった。そこで、使用材料を調査したところ、電極に使用しているすず板が中国製であることがわかった。しかし、きちんとした成分分析表も添付されていたため、何ら疑わなかったのだが、試しに成分分析を行ってみた。その結果、鉛が数％も混入しているすず電極板であることが判明した。以後、すず電極板を国内のメーカから調達することで、この障害の発生はなくなった。

材料を使用する際には、海外製のみならず、かならず、事前に分析を行い、RoHS指令などにつながる4つの重金属の含有を調べておくことの重要さを身にしみて感じた障害例であるので、ここに記載した。

5.4 亜鉛めっき

（1） 防食用亜鉛めっき

鉄系材料の防食対策として行われるめっきの90％は亜鉛めっきである。このため、亜鉛めっき品を指定する場合に設計者が注意することは、腐食の問題にほぼ限られる。このため、亜鉛めっき品の使用環境に注意することが重要である。

亜鉛めっき品を海風があたる環境で使用すれば、海風に含まれる塩素の影響

第5章　各種めっきの不具合事例と対策事例

によって亜鉛がさびて白い粉が吹いたような白錆が発生する。さらに長時間そのままの状態にしておくと、表面の亜鉛膜に穴が開いて、下地の鉄がさび始めて、赤い色が浮き出てくる。いわゆる赤錆と呼ばれるものである。したがって、製品の寿命と赤錆発生までの時間を考慮した亜鉛めっきの膜厚を考えなければいけない。

　また、同様に水滴が付着しても、水と亜鉛が反応して白錆が発生する。このため、雨水にあたる場所はもちろん、結露する場所での使用は考えなければならない。

　これらの白錆などを防止するために、クロメート処理を行うのが一般的であった。しかし、クロメート処理は6価クロムイオンを使用するため、RoHS指令により、使用禁止となった。現在は、6価クロムを含まない3価のクロムを利用するクロメート処理が一般的に行われているが、強い酸化雰囲気では3価から6価への移行がおこってしまうことがある。このため、クロムフリーの表面処理が開発されているが、従来の6価のクロメート処理と同等の防食性を有する処理剤は今後の開発を待ちたいのが現状である。

（2）　亜鉛めっきのウィスカ

　ウィスカについては、すずめっきの項で論じたが、亜鉛めっきでもウィスカが発生する危険がある。特に、亜鉛めっきのウィスカはすずめっきのウィスカに比較して長く成長し、1～3mm程度になることが多い。このため、亜鉛めっきの板と回路基板は約5mm以上離した設計にすることが望ましい。

　また、亜鉛めっきのウィスカは当然ながら電導性がある。最近のオフィスでは配線を床に通すために、床を嵩上げ工事している例がある。この嵩上げ床を支える支柱は鉄系材料に亜鉛めっきをほどこしたものが使用される。もしも、ここでウィスカが発生すれば、巻き上げられ、オフィスの電子機器に悪影響をおよぼすことが考えられる。例えば、折れて巻き上げられたウィスカがプリント基板上に落下すると、ショート障害の原因となるので、注意が必要である。

5.5 金めっき

図5-16 亜鉛めっきに成長したウィスカ例

　なお、亜鉛めっきのウィスカは最近普及している、ジンケート浴、酸性浴からの亜鉛めっきに多い。これは、ジンケート浴、酸性浴からの亜鉛めっき膜中の残留応力が高いためである。従来から用いられていたシアン系浴では、さほどウィスカの心配はない。ウィスカ抑止が必要な部品の図面指定に注意する必要がある。

　電子機器近傍で亜鉛めっき部品をどうしても使用しなくてはならないときは、めっき面に塗料を塗布して、ウィスカの成長をブロックする方法もとられることがある。また、棒状の部品にはチューブで被覆する方法もとられる。

5.5 金めっき

　金めっきは高価である。したがって、微小な電流を必要とする接点部などでの電気的接続への応用と装飾用への適用が主な用途である。

（1） 接点など電気的接続への応用

　金は貴金属であるので、耐蝕性にすぐれ、また小さい接触力で接触抵抗が低く安定であるため、接点部に使用される。ただし、金は柔らかいので、同じ接点でも挿抜を繰り返すようなコネクタには使用できない。これは機械的な挿抜によって、柔らかい金が削り取られる危険度が大きいからである。したがって、コネクタに利用する場合は挿抜回数が10回以内と低いものに適用される。なお、はじめにも述べたように、金めっきは高価である。すずめっきの約50倍の価格であり、ここまでして金めっきを適用する部品はやむを得ない場合が多い。現在、電子部品に行われている金めっきの厚さと使用されるコネクタの関係を**表5-4**に示す。表に示すとおり、航空機用などの安全性を最優先する機器に使用する場合は高価でも、厚く金めっきを施すことになる。

　また、はんだぬれ性と接続信頼性を損なわずに金めっきの厚さをどこまで薄くできるのかの研究が行われており、最近の民生用は金色に見えるだけのフラッシュ金めっきという技術で0.05μmと薄膜にして、価格の上昇を抑えている。

　金めっきはプリント基板にも適用されている。プリント基板の配線は銅めっきで行われるが、はんだ付けを行う部分にはニッケルめっきをバリア層として中間にはさんで金めっきが行われる場合がある。ニッケルめっきは銅と金の拡散を防止して、金と銅の金属間化合物の生成を抑止するほかに、銅めっきよりも硬いので強度が高くなる効果もある。ただし、2μm以上になると、プリント基板の変形などの曲げ応力によって、この部分からクラックが発生することもあるので、膜厚には注意が必要である。

表5-4　使用されるコネクタ別の金めっき厚さ

一般的な金めっき厚さ	
航空機搭載用丸型コネクタ	1.27um以上
一般業務用コネクタ	0.4〜1.0um
産業機器用／民生機器の一部	0.05〜0.5um

5.5 金めっき

　また、金めっきははんだ付け時にはんだ中に拡散することが知られている。このため、はんだ付けを行う際の金めっきの厚さにも注意が必要である。

　はんだバンプを用いてはんだ付けを行った場合、端子部の金厚さと熱サイクル試験を行ったときの寿命を調べた結果を図5-17に示す。疲労寿命は金めっきが厚くなるほど短くなり、Au 0.1μmの場合は500サイクルの試験でも変形しているのみであるが、Au 1μmの場合は200サイクルでSiチップ側に"はくり"がみられるようになることがわかる。実際にはんだに金を混ぜ込んだ材料を使用して引張試験によって、引張り強さと伸びを測定したデータを図5-18に示す。図に示すとおり、はんだ中に金を混ぜ込むと、金含有量が2%以上となると急激に伸びが低下することがわかる。すなわち、上記で金めっきを厚くすると疲労寿命が短くなる理由は、はんだ中の金含有量が増加しすぎて、2%以上になるためと考えられる。

　このことから、プリント基板や電子部品において、はんだ付けを行う場合はむやみに金を厚くしてはならないことがわかる。一般的には2μmが限度とされているが、パッドの大きさや使用するはんだの量などによって最適な金めっ

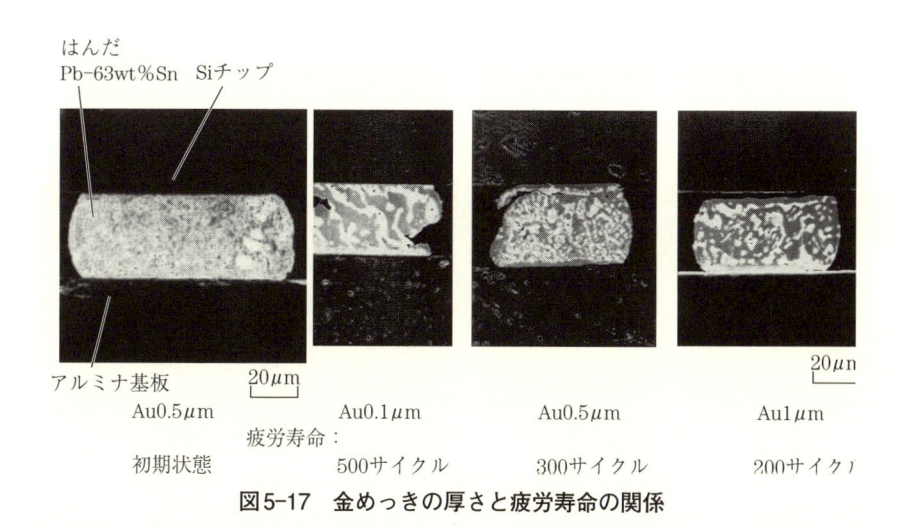

図5-17　金めっきの厚さと疲労寿命の関係

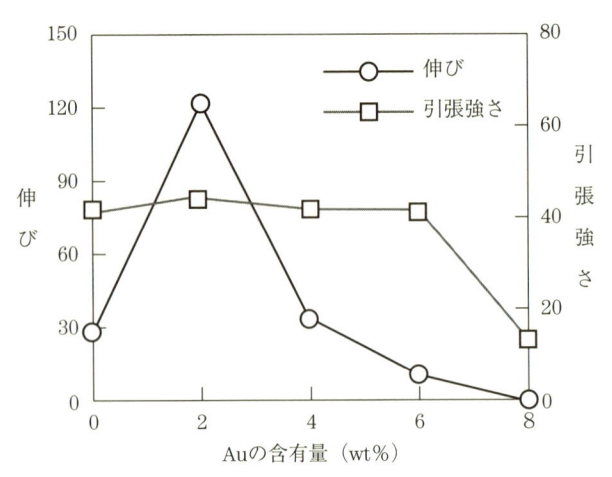

● 第5章　各種めっきの不具合事例と対策事例

図5-18　はんだ中のAuの含量と伸びの関係

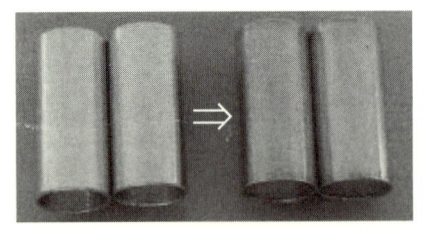

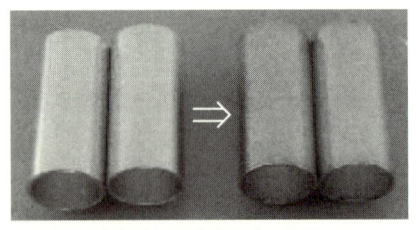

(a) 薄い浴でのめっき例　　　(b) 古い浴からのめっき例

図5-19　金めっきによる表面の赤色化（例）

きの厚さは変動するため、拡散してはんだ中に入る金の量が2%前後になるように実験などから決定すべきである。

　めっき業者は金めっき液をできるだけ薄めて溶け込んでいる金の量を減らしてめっきしようとする。また、通常濃度の場合も、できるだけ交換しないで、長持ちさせようとする傾向がある。図5-19の(a)はかなり薄い金めっき浴にて銅材料にめっきしたものであり、特有の金色に比較してやや赤い膜が形成されている。(b)は通常の金めっき浴を大分使用したあとのめっき液からめっきし

5.5 金めっき

たものである。一見してわかるように、大分使用しためっき液ではめっき液に解け出した銅が金と一緒に析出してくるため、薄いめっき浴を使用した場合と同じように銅に近い赤い色になってしまう。さらに、この場合は外観の変化だけではなく、金と銅との合金になるため、強度や伸びなどの材料特性も変化してしまう。

このことから、金めっきを採用する場合は、めっき液の濃度管理、めっき液の交換時期の注意が必要である。

機械的構造のコネクタなどへ応用する場合には、純金めっきでは柔らかすぎ耐摩耗性も劣り、粘着しやすいことを述べた。このことを改善するために、微量のCo（コバルト）やNi（ニッケル）を混ぜた合金めっきも開発されている。

さらに、通信用リレーや交換器など長期間の使用に耐えるめっきとして、金と銀の合金めっきや金と銀の合金めっきにPt（白金）をわずかに添加しためっき液などが市販されており、部品の機能に合わせて選択して使用するべきである。

（2） 装飾用金めっき

金めっきはそのゴージャス感によって、装飾用として大いに利用されている。例えば、ネックレスは鉄、銅、アルミニウムの母材にニッケルめっきと金めっきをほどこしたものが90％程度をしめ、純金のものはその金の含有量が示されている。

装飾用金めっきも、上記に述べた電子部品の場合はと全く同様である。

金めっきの浴にはシアンが使用されている。シアンは猛毒であるので、素手で扱わないこと、口に入れないことが必須である。

また、めっき後の中和、水洗、乾燥の工程が品質に大きな影響を与えるので、めっき業者と綿密な打ち合わせが必要である。

● 第5章　各種めっきの不具合事例と対策事例

5.6　その他のめっき

（1）　銀めっき

　銀めっきは装飾用、はんだ付け性と電気電導性からの電子部品用に用途が大きく分けられる。装飾用としては、銀の食器に代表される食器類と装身具である。

　めっき膜に現れる不具合現象は、どちらの用途でも大気中に含まれる硫黄系ガスの影響により青黒い硫化銀が表面に生成することである。この変色を防止するためには、銀めっき部品とともに乾燥剤を入れる、大気を遮断する構造にする、などの対策しか存在しないのが現状である。

　銀のスプーンが青黒く変色してしまう例は誰でも経験していることだろう。これは、水道水で洗うことで、水道水中の塩素イオンと反応して塩化銀を生成することによる。銀の食器がもてはやされた19世紀の水道水には塩素イオンがなかったとの報告もある。なお、接点用の銀めっき膜を水道水で洗浄すると同様の反応で接触抵抗が増大し、規格を満足できなかった例もある。このため、設計担当者はめっき部分のみならず洗浄水まで監視の眼を配らなければならない。

（2）　クロムめっき

　クロムめっきは、装飾用と防食用および耐摩耗性付与に使用される。クロムめっきの表面は光沢のある青白色で鏡面に近い表面状態が得られ、かつ光沢を長時間維持するため、装飾用に使用される。ただし、ニッケルめっきと同様に、人体の汗と反応して一部の人にアレルギー現象をおよぼすことがある。ネックレス、イアリングなどは注意すべきである。

　硬質クロムめっきは水素を吸蔵して硬い皮膜を形成する。このため、対摩耗性が必要なあらゆる機械部品に適用されているといっても過言ではない。

5.6 その他のめっき

　クロムめっき浴には6価のクロムイオンが含まれる。クロメート処理の項でも述べたが当然RoHS指令の対象である。出来上がったクロムめっきは金属であるので6価は存在しないので、使用する側は安心であるが、最近は6価を含まない3価イオンからなるめっき浴も開発されていることを付記する。

第6章
欧州化学物質規制と、その波及効果

第6章 欧州化学物質規制と、その波及効果

6.1 「公害問題」から「欧州化学物質規制」へ

表6-1に、「化学物質の負の側面と対応の歴史年表」を示す。なお、この歴史年表は国立環境研究所の年表を参照して作成したものである。

表6-1　化学物質の負の側面と対策の歴史年表

西暦	公害問題と関連事項	製品含有化学物質規制と関連事項
1880年頃	足尾銅山鉱毒事件 （**日本で初めての公害問題**）	
1960年頃	産業公害の典型が社会問題になる （四大公害病）	
1967年	公害対策基本法の制定	
1972年		ストックホルムで国連人間環境会議開催「自然環境保全法」制定
1973年	化審法の施行	
1993年	環境基本法の制定	
1996年	ISO14000の実施	
1999年	PRTR法の制定	
2001年	グリーン購入法の施行	オランダで家庭用ゲーム機の輸入禁止、（**日本製品で最初の製品含有化学物質規制の適用事例**）
2006年		RoHS指令が施行
2007年		REACH規則が施行
2011年		改正RoHS指令が施行
2012年		REACH付属書XVIIの改正
最近の状況	CSR調達、持続可能な社会、化学リスク評価、リスクコミュニケーション、「化学物質の環境リスク＝化学物質の有害性×暴露量」の公式など	

6.2 環境省のホームページに掲載されているイラスト

　他の技術と同様に、化学技術で豊かな生活が実現しているが、表6-1に示す化学物質の「負の側面」もある。明治時代以降の「負の側面」は公害問題であった。しかし、2001年に「新たな負の側面」に気付かされて多くの技術者が愕然とした。そして、「新たな負の側面」への対応が昨今の技術課題になっている。なお、「新たな負の側面」はグリーン調達制度の創設や代替技術開発の要請などの「明るい側面」も伴っている。これらの諸問題についての関連情報を以下に紹介する。

6.2 環境省のホームページに掲載されているイラスト

　官公庁のホームページとしては珍しくイラストが掲載されている（**図6-1**、www.env.go.jp/guide/budget/h19/h19-gaiyo/full.pdf）。同図の小さい文字の部分には、（オランダのカドミウム規制に該当し家庭用ゲーム機の輸入禁止、欧州向け130万台の出荷停止）と書いてある。さらに、同図には「環境規制」との大きい文字も書いてある。欧州での製品中に含まれる化学物質規制前夜の歴

図6-1　オランダ税関による出荷停止事件

● 第6章　欧州化学物質規制と、その波及効果

> 2001年10月の"事件"をご存じですか？
>
> オランダ当局が、某日本メーカーの家庭用ゲーム機の調達部品から、規制値を超えるカドミウムを検出
>
> ⇓
>
> ● 欧州向け130万台の出荷停止
> ● 出荷再開は2カ月後
> ● 売り上げ130億円、利益60億円の損失
>
> 部品や材料のサプライヤーに対する要求
> 「化学物質管理なくして、受注なし」

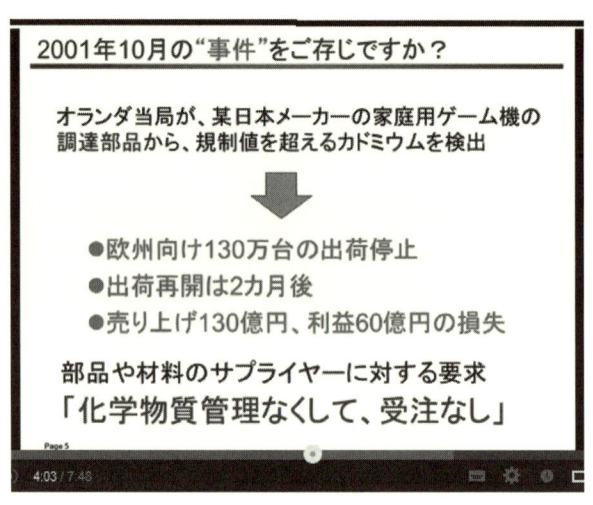

図6-2　YouTubeの一画面

史的事件として有名である。また、この"事件"が経済産業省と産業環境管理協会によるYouTubeでも紹介されている（図6-2、http://www.youtube.com/watch?v=_xfOr9GrqzE）。なお、ソニーはその後、一層の環境保護や製品含有化学物質管理に努めていることが同社のホームページで報告されている。

6.3　ローカルな「欧州化学物質規制」からグローバルな「製品含有化学物質規制」へ拡大

　めっき会社は以前から毒物および劇物取締法、消防法、公害対策基本法などの法律の元で国家試験や都道府県試験の合格者を化学薬品取扱いの責任者や管理者に選任して、公害防止に多年の努力をして今日に至っている。そして、2000年初頭、「欧州化学物質規制」の検討が噂され、RoHS指令（2006年）、REACH規制（2007年）、WEEE規制、……などの「欧州化学物質規制」が施行されだしたとき、「この規制は貿易障壁だ！」との誤解も広がった。しかし、欧州を中心に公害防止とは別な「持続可能な社会のための環境調和」の考えは

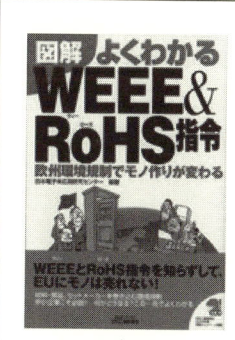

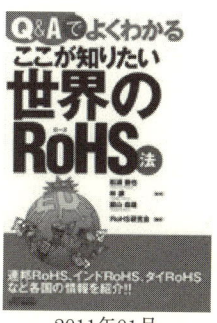

6.3 ローカルな「欧州化学物質規制」からグローバルな「製品含有化学物質規制」へ拡大

図6-3 欧州化学物質規制の解説書

表6-2 RoHS指令の最大許容濃度

対象物質	最大許容濃度*
カドミウム	0.01wt%
鉛	0.1wt%
水銀	0.1wt%
六価クロム	0.1wt%
PBB	0.1wt%
PBDE	0.1wt%

＊均質材料あたりの濃度

第6章 欧州化学物質規制と、その波及効果

米国、韓国、中国にも広がっている。なお、本書の筆者らは「欧州化学物質規制」などの法令の専門家ではないので、図6-3の専門書をお読みいただきたい。

なお、「欧州化学物質規制」に関連する重要な実務技術として、「化学分析」の問題がある。表6-2の「RoHS指令の最大許容濃度」に示したように、めっき皮膜や各種製品に含まれる微量な規制化学成分を化学分析しなければならない。インターネットに「コラム」と「RoHS」と「化学分析」の組み合わせキーワードを入力すると、「RoHS分析は弊社へ」の広告などとともにRoHS分析についてのいくつかのコラムもある。自分でRoHS分析を行う場合や、RoHS分析を外注するときに役立つ注意が書いてある。珍しくて、有益なコラムである。

6.4 無料のオンライン映像教材で化学物質規制への理解を深める方法（その1）

独立行政法人科学技術振興機構が「Webラーニングプラザ～技術者Web学

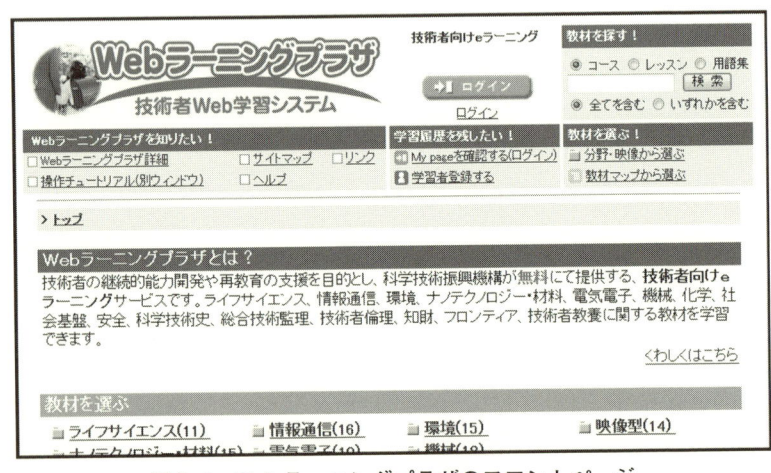

図6-4　Webラーニングプラザのフロントページ

6.4 無料のオンライン映像教材で化学物質規制への理解を深める方法（その1）

習システム～」をオンラインで提供している。無料のeラーニング・システムで、画像と音声で解説されている膨大な教材である。このオンライン教材に本稿に関連する複数のテーマが解説されている。**図6-4**にWebラーニングプラザのフロントページを示す。同図の右上隅にある「教材を探す！」のスペースにキーワードを入力すると音声付き解説のスライド教材が現れる。

図6-5の左図に、「プラスチックの基礎知識コース」で開講されているレッスンの一つである「安全・環境に関する課題と方策」の縮尺フロントページを示す。そして、「目次」の拡大画面を**図6-6**の右図に示す。図6-5（左）の上部の「大きい矢印のボタン」をクリックするとオンライン講義が開始される。図6-5（右）の8番目の講義は「RoHS、REACH」で、**図6-6**や**図6-7**を示しながら音声で解説される。なお、図6-6や図6-7以外にも有益な画像があったが著作権への配慮で最小の引用に留めた。

「環境と調和した化学コース」の「学習目標」について、「人類が豊かさを追

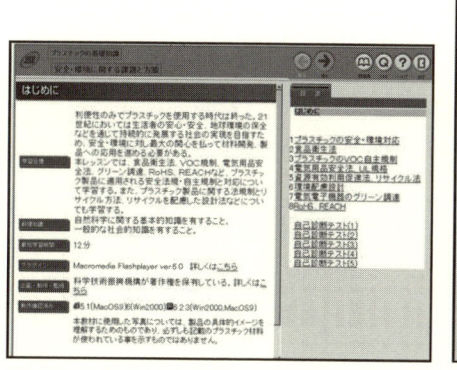

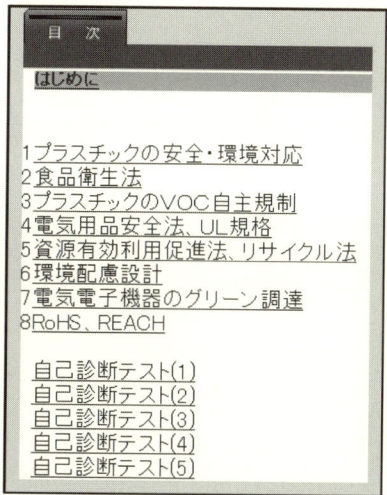

図6-5　オンライン講義、「安全・環境に関する課題と方策」のフロント画面と拡大した目次

● 第6章　欧州化学物質規制と、その波及効果

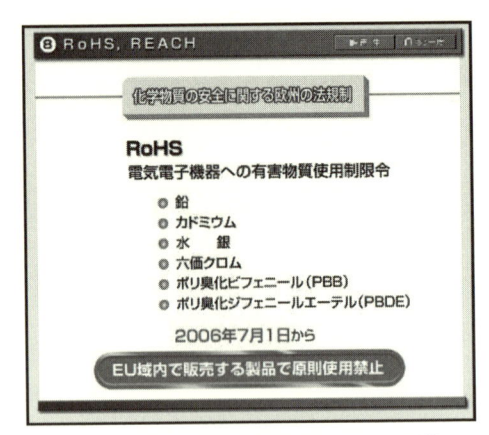

図6-6　「RoHS」の講義で使われる画像

図6-7　「REACH」の講義で使われる画像

求した結果、その影響が人間の生活圏を越えて地球全体に及びつつある。この問題の化学的な解析から、これを防止するための、化学技術、化学物質管理のありかたについて学習する。環境問題は複雑な側面を持ち、現時点では必ずしも明確な結論が出せないものもある」と書いてある。そして、「前提知識」は「大学の化学系の学科卒業程度の一般科学および化学の知識を持っているもの

6.4 無料のオンライン映像教材で化学物質規制への理解を深める方法（その1）

表6-3 「環境と調和した化学コース」のレッスン構成

1	地球環境と人間活動
2	地球環境にいかにとりくむか
3	地球環境温暖化問題
4	グリーンケミストリー
5	環境に優しい有機合成
6	持続可能型社会の実現
7	リサイクルによる環境負荷の低減
8	環境問題の解決と環境税の機能
9	化学物質の総合安全管理

を前提としているが、理科系の教養課程を経たものであれば、ほとんど理解できるように工夫してある」との予告をしている。

「環境と調和した化学コース」のレッスンは9項目のテーマで構成されている（**表6-3**）。この表の9番目のレッスンである「化学物質の総合安全管理」を選んだ場合のフロント画面と目次の画面を**図6-8**の左右画面に示す。これらの目次を見るだけでも、化学物質規制の関連知識を推測できる。

「持続可能な社会のための環境倫理コース」の「学習目標」は、「続可能な社会の実現のために必要な技術者の環境倫理の理念及び、それを実現するための具体的な課題として、地球温暖化、生物多様性、化学物質、資源・廃棄物、エネルギーを取り上げ、それぞれの課題の概要、環境倫理の理念を踏まえた技術、制度、意識の視点からの解決策の方向性、技術者の配慮すべき事項、具体的事例などについて学習する。そして、人々の意識の相互理解のための環境コミュニケーションについて学習する」で、但し書きとして、「このコースの学習で、日本技術士会のCPD単位を取得できます」と書いてある。

このコースは、(1) 技術者と環境倫理、(2) 地球温暖化、(3) 生物多様性、(4) 化学物質と環境リスク、(5) 循環型社会と資源・廃棄物、(6) 低炭素社会

● 第6章 欧州化学物質規制と、その波及効果

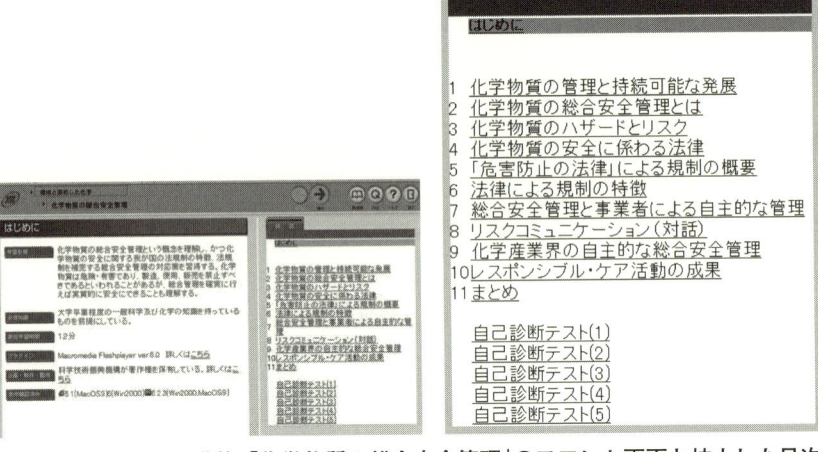

図6-8 オンライン講義、「化学物質の総合安全管理」のフロント画面と拡大した目次

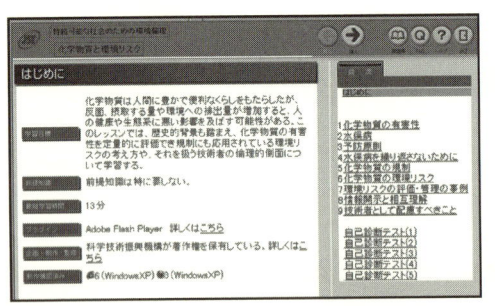

図6-9 オンライン講義、「化学物質と環境リスク」のフロント画面と拡大した目次

とエネルギー、(7) 環境コミュニケーションの7レッスンである。ここで、4番目の「化学物質と環境リスク」を選んだ（**図6-9**）。図6-8の場合と同様に、これらの目次でも環境リスク問題などの大切さがわかる。当然ながら、オンライン講義を聴講すれば多くの知見が得られる。

6.5 無料のオンライン映像教材で化学物質規制への理解を深める方法（その2）

「製品含有化学物質」をキーワードにして、YouTube動画を検索したところ10数件のYouTube動画が検出された。これらの動画の中から**図6-10**の「製造業の成長戦略」のYouTube動画を紹介する。科学技術系のYouTube動画で、アクセス件数が1600件以上であるのは「評価の高い動画」である。なお、**図6-11**～**図6-14**の4枚の画像はYouTube動画で解説に使われている画像である。

インターネット上のYouTube動画の下に余白スペースがあって、動画投稿者がコメントを書ける。図6-10のYouTube動画の投稿者が下記のコメントを

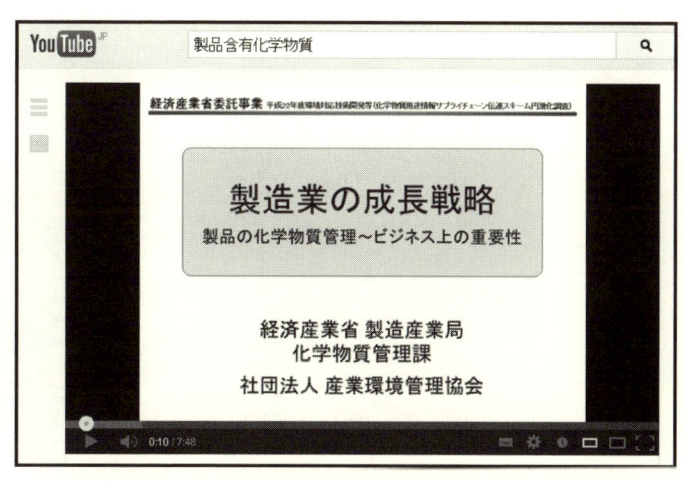

図6-10　アクセス件数が1,518件のYouTube動画

●第6章 欧州化学物質規制と、その波及効果

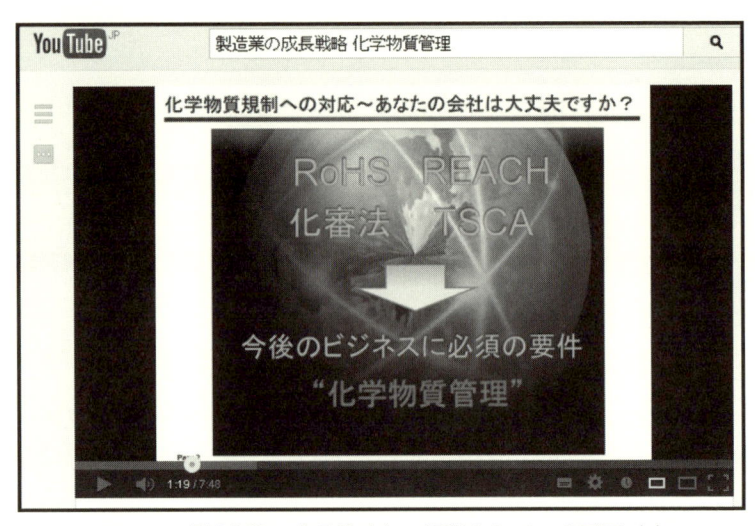

図6-11 「製造業の成長戦略」で解説されている画面（1）

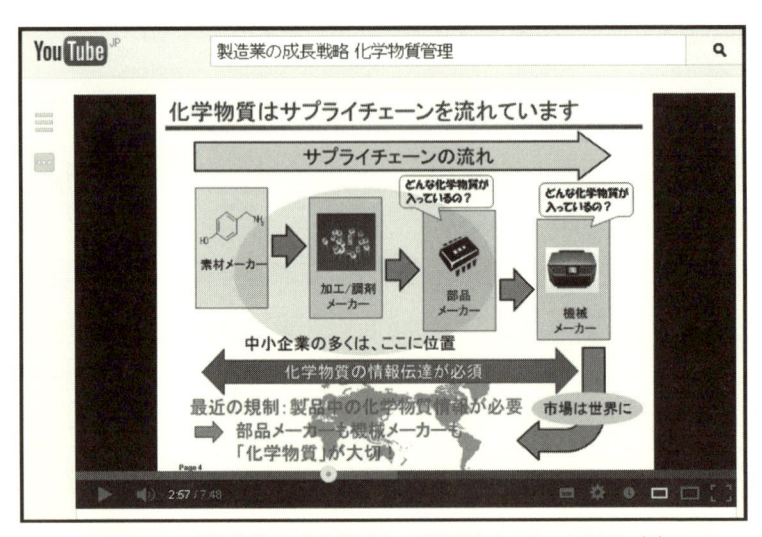

図6-12 「製造業の成長戦略」で解説されている画面（2）

6.5 無料のオンライン映像教材で化学物質規制への理解を深める方法（その2）

図6-13 「製造業の成長戦略」で解説されている画面（3）

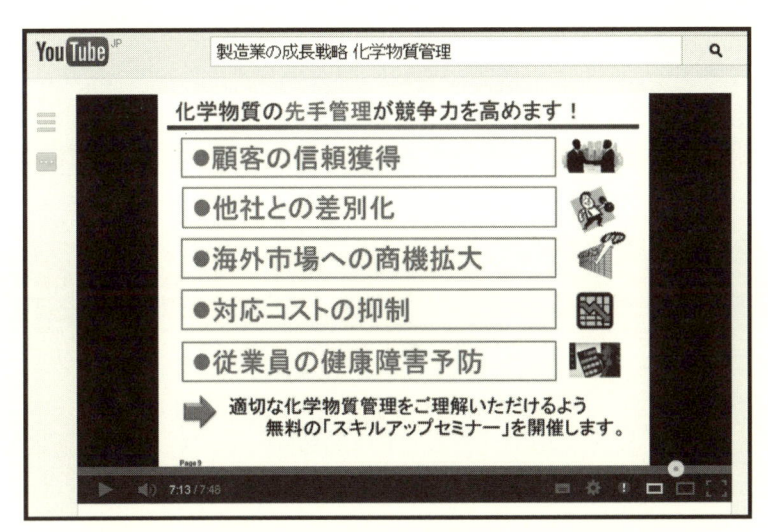

図6-14 「製造業の成長戦略」で解説されている画面（4）

書いている。

「アップロード日：2011/02/08

我が国では2011年4月に改正化学物質審査規制法（化審法）の施行を控え、諸外国でも欧州の化学品規制法のREACH規則の本格施行が始まるなど、国際的に化学物質管理に関わる規制が強化されつつあります。こうした世界の規制に対応するには、サプライチェーン全体で化学物質のリスク管理を行うことが不可欠です。今や、化学物質管理は、経営課題の一つになっています。経済産業省では、我が国の産業競争力を確保するため、サプライチェーン全体を通じた化学物質管理を促進する基盤整備等に取り組んでいます。」

このコメントの文末にも書いてあるが、「化学物質管理を完備して、成長戦力にしよう」との呼びかけが強く伝わってくる。

6.6 化学物質規制から生まれた「グリーン調達」

環境省のホームページに、**図6-15**のイラストがある。市民を対象にした1ページのチラシであるが、「環境負荷ができるだけ小さいものを買うことが『グリーン購入』です」の主旨が上手に表現されている。一方、**図6-16**は経済産業省の「グリーン調達」についての囲み記事である。2件の情報を比較すると、両省の「守備範囲」の違いが出ていて興味深い。なお、経済産業省の記事には、グリーン調達法の趣旨だけでなくて、「大手メーカーではそれぞれ『グリーン調達基準』を作成し、取組みを進めています」との具体的状況にも言及している。

グリーン購入なりグリーン調達は、材料や部品などを発注する会社が環境負荷の小さい材料や部品などを調達するシステムである。それ故、発注会社は発注先の会社に対して、納品する製品にはどのような化学物質が含まれているか？　それらの化学物質の濃度はどれぐらいか？……が定められた書式の書面

6.6 化学物質規制から生まれた「グリーン調達」

で質問する。この質問書を発注会社が独自に作成する場合と、「グリーン調達の文書作成会社」が作成した業界標準の書式として使用する場合がある。そして、自社の文書書式の場合よりも後者の書式が採用される場合が多い。アーティクルマネジメント推進協議会（JAMP）のAIS書式とMSDSplus書式や、(社)日本自動車工業会（JAMA）と(社)日本自動車部品工業会（JAPIA）共通のJAMA/JAPIA統一データシートが広く知られているグリーン調達の書式である。なお、グリーン調達調査共通化協議会（JGPSSI）は、「2012年5月をもって発展的に解消し、その活動の多くをIEC/TC111の国内組織に移行しま

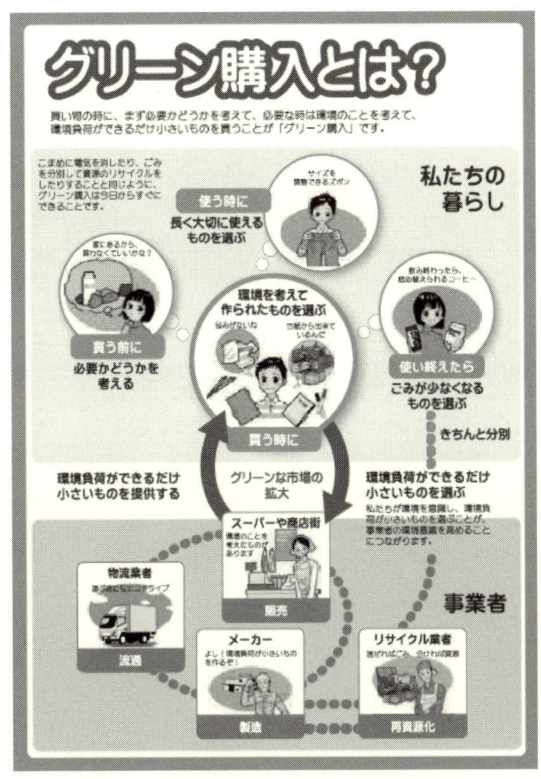

図6-15 環境省ホームページのイラスト

● 第6章 欧州化学物質規制と、その波及効果

グリーン調達

　グリーン調達とは一般にメーカーが原材料などを購入する際に、環境負荷の少ない物品を優先して調達したり、そのような配慮をしているメーカーから優先して調達することをいいます。いいかえると、環境管理システム、使用禁止物質などの管理、の2点が整備されているメーカーから資材・部品を調達することをいいます。

　大手メーカーではそれぞれ「グリーン調達基準」を作成し、取組みを進めています。特に、情報通信機器メーカー大手18社は、平成14年に「グリーン調達基準」を統一し、資材・部品に含まれるCd（カドミウム）、Pb（鉛）、Hg（水銀）、Cr^{6+}（6価クロム）などの重金属、ハロゲン系化合物などの開示対象項目を共通化しています。

　また、EU（欧州連合）では平成18年7月から「RoHS指令（EUが輸入する電子機器などの含まれる特定有害物質を規制）」が施行され、家電製品や通信関連機器などに対して、Pb、Hg、Cd、Cr^{6+}とBr（臭素）系難燃剤2種の含有が禁止されます。これに対し、現在、我が国のメーカーでもグリーン調達の内容を厳格化するところが、既にでてきています。

図6-16　経済産業省の囲み記事

した」とのことである。

6.7　グリーン調達と「サプライチェーン」

　材料や部品を調達する会社は「材料会社、加工会社の協力会社様の協力なしに弊社単独での化学物質規制を守ることはできないので、サプライチェーンを含む包括的グリーン調達をお願いします」などと書いてあるホームページがある。アーティクルマネジメント推進協議会（JAMP）のホームページの表紙には「小さい写真での川上企業」、「小さい写真での川中企業」、「小さい写真での川上企業」がイラスト風に示されていて、サプライチェーン協力の大切さが示されている。

6.8 CSRとCSR調達

　グリーン調達の趣旨をさらに深化させた調達方式が「CSR調達」と呼ばれている新しい言葉である。日刊工業新聞社のホームページに掲載されている、「産業用語集、『モノづくり新語』」で、「CSR調達……CSRはCorporate Social Responsibilityの略で企業の社会的責任と訳される。環境に配慮したグリーン調達だけでなく、コンプライアンス（法令順守）や公正性、さらに人権や労働

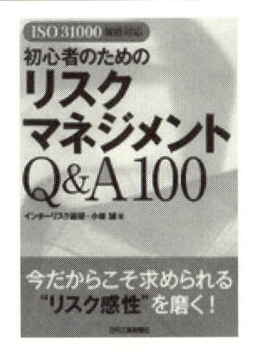

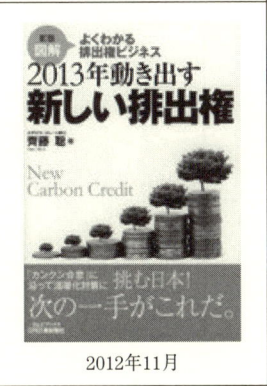

図6-17　CSRとCSR関連の図書一覧

● 第6章　欧州化学物質規制と、その波及効果

問題への取組みなど取引先のCSR活動も考慮に入れた調達方針。電機業界などでは、従来のグリーン調達からCSR調達に発展させる動きが高まっている」と解説されている。

　説明の順序が逆になったが、「企業の社会的責任」よりも「CSR」の略称のほうが親しまれている言葉である。上記のCSR調達の解説に追加する言葉としては、図6-17の書籍の題名に示す「節電」、「排出権」、「ISO14000」や、さらに「生物多様性」や「カーボンフットプリント」の問題も含まれるとの解説もある。

6.9　官公庁の「製品含有化学物質規制」などに関するパンフレットの紹介

　経済産業省、環境省、厚生労働法のホームページに化学物質関連の資料があ

表6-4　経済産業省の化学物質管理関連資料のリンク集

パンフレット／報告書など
ページ内メニュー
1.　パンフレット、概要説明資料など
＜化審法関係＞
＜化管法関係＞
＜温暖化対策・オゾン層保護＞
＜GHS＞
＜Japanチャレンジプログラム＞
＜REACH＞
＜リスク評価＞
＜リスクコミュニケーション＞
2.　審議会報告書等
3.　委託事業報告書
4.　その他

図6-18　PRTRのパンフレット

6.9 官公庁の「製品含有化学物質規制」などに関するパンフレットの紹介

る。経済産業省は多数の資料を**表6-4**の省内リンク集で検索できるようにしている。例えば、表6-4の＜化管法関係＞をクリックすると**図6-18**の「PRTRについて：パンフレット（平成24年度版）」をオンラインで閲覧したり、プリント・アウトできる。表6-4の＜REACH＞をクリックすると**図6-19**の

図6-19　REACHのパンフレット 　　図6-20　リスク評価のパンフレット

図6-21　リスクコミュニケーションのパンフレット（事業者向け）

図6-22
リスクコミュニケーションのパンフレット（市民向け）

第6章　欧州化学物質規制と、その波及効果

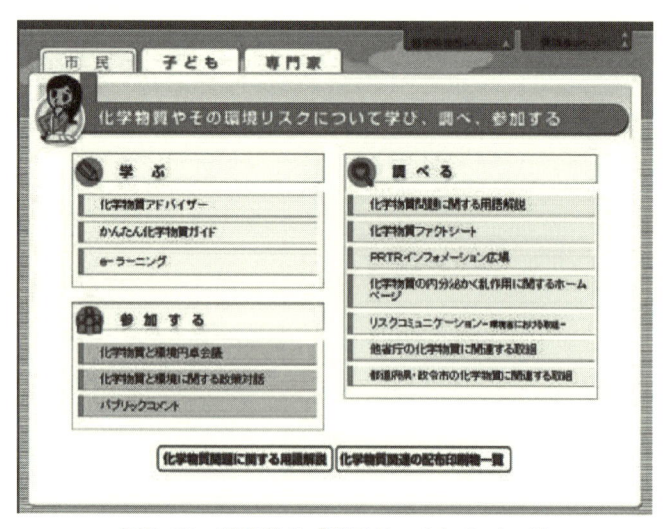

図6-23　環境省の「環境リスク」のページ

図6-24　厚生労働省の「化学物質対策室」のページ

「REACHのわかりやすい解説書」をオンラインで閲覧したり、プリント・アウトできる。＜リスク評価＞をクリックすると**図6-20**の「事業者向け：化学物質のリスク評価のためのガイドブック（入門編）」を読むことができる。＜リスクコミュニケーション＞をクリックすると、**図6-21**の「リスクコミュニケーションのパンフレット（事業者向け）」と**図6-22**の「リスクコミュニケーションのパンフレット（市民向け）」をオンライン閲覧できる。

図6-23に環境省の「環境リスク」のページのフロントページを示す。**図6-24**に厚生労働省の「化学物質対策室」のページを示す。

6.10 まとめ

「めっき技術」という一つの工業技術であるが、化学物質規制などの社会との関わりを考えると上述したように多種・多様の課題があるが、サプライチェーンで協力して解決しよう。

第7章
ニーズ志向の技術開発とシーズ志向の技術開発

第7章　ニーズ志向の技術開発とシーズ志向の技術開発

7.1 持続可能な社会のための研究開発

　「欧州化学物質規制」は、めっき技術やモノづくり技術を発展させる駆動力である。欧州化学物質規制を煩わしい規制と捉えずに、前向きに考えると新技術の誕生につながることであろう。

　「環境規制は新技術誕生」の過去の事例を紹介する。今から50年前の昭和40年代に水質汚濁防止法が成立したときに、多額の費用を要する廃水処理設備を設置しなければならないのでめっき会社は困惑したが、めっき設備会社との協力で廃水処理設備を設置した。一方、めっき薬品会社は「ノーシアンめっき浴」などを開発した。

　RoHSやREACHの施行で、ごく最近では「鉛フリーの無電解ニッケル浴」「6価クロム・フリーの化成処理液」「PFOS（パーフルオロオクタンスルホン酸塩）代替の界面活性剤」などが開発された。しかし、解決しなければならないめっき技術や表面処理技術は多数ある。例えば、「高濃度の硫酸水溶液や水酸化ナトリウム水溶液は取り扱うオペレータにとって危険を伴う」と指摘する人もいる。このような指摘に対して、表面処理技術者や研究者たちは、「湿式表面処理技術で使える化学薬品は蒸留水だけだ」と自虐的になることがある。

7.2 技術開発のための情報収集

　「ニーズ志向の技術開発」の場合も「シーズ志向の技術開発」の場合も先行研究や先行技術の調査が必要である。これらの情報源を図7-1から図7-13に列挙する。

7.2 技術開発のための情報収集

JDreamⅡ 世界中の科学技術文献約5,600万件を日本語で検索が可能！	**J-GLOBAL** 様々な科学技術に関する基本的情報を整理した新しいサービス	**JST資料所蔵目録** JSTが収集している資料及びその所蔵巻号を調べることができます。
JSTChina 中国の科学技術・医薬情報等について日本語抄録付きで案内。	**J-STAGE** 国内学協会の電子ジャーナルをオンラインで読むことができます	**e-seeds.jp** 技術シーズ統合検索システム

図7-1　科学技術振興機構のデータベース

図7-2　特許庁

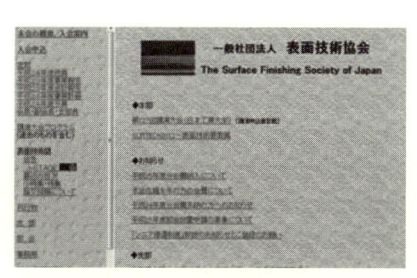

図7-3　（社）表面技術協会

149

●第7章　ニーズ志向の技術開発とシーズ志向の技術開発

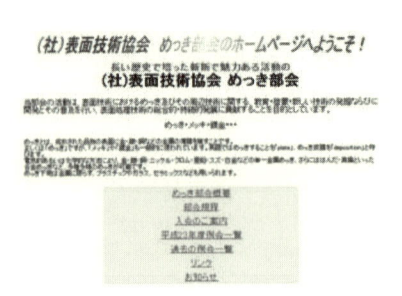

図7-4　表協・めっき部会

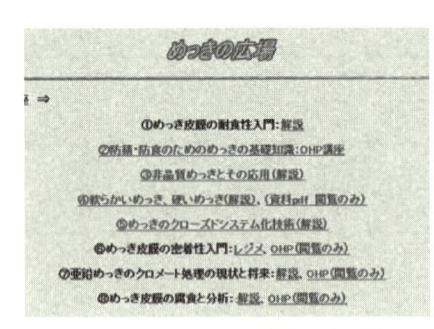

図7-5　大阪府立産業技術総合研究所

図7-6　略称；全鍍連

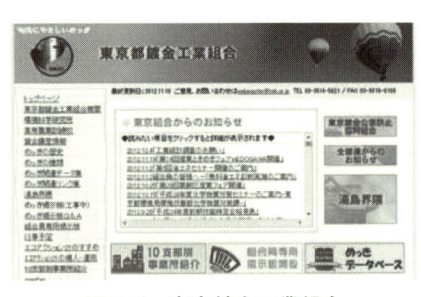

図7-7　東京鍍金工業組合

図7-8　大阪鍍金工業組合

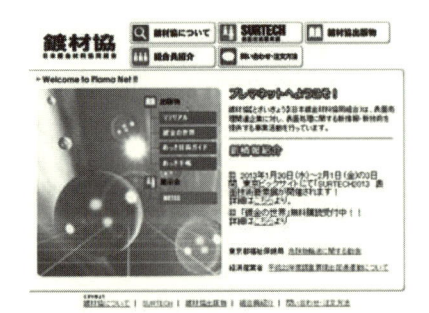

図7-9　略称；鍍材協

7.3 ニーズ志向の技術開発事例

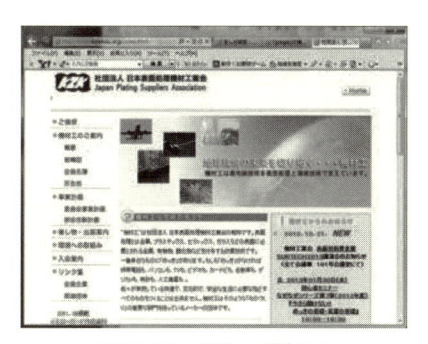

図7-10　略称；機材工

図7-11　社団法人・日本電子回路工業会

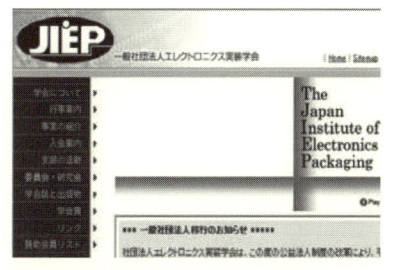

図7-12　社団法人・エレクトロニクス実装学会

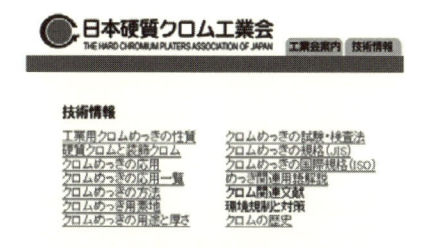

図7-13　日本硬質クロム工業会

7.3　ニーズ志向の技術開発事例

　「取引先のめっき会社から納品される無電解ニッケルめっき皮膜の性能とコストを改善したい」との仮想の研究開発テーマのための情報検索結果を以下に示す。

　「J-GLOBAL」のデータベースを使うと、「無電解ニッケルめっき」についての1,158件の文献リスト（**図7-14**）と、1,437件の特許リスト（**図7-15**）の情報が得られる。

　図7-14や図7-15を参照して設計部でブレーン・ストーミングを行い、さら

● 第7章　ニーズ志向の技術開発とシーズ志向の技術開発

図7-14　「無電解ニッケルめっき」の文献リスト

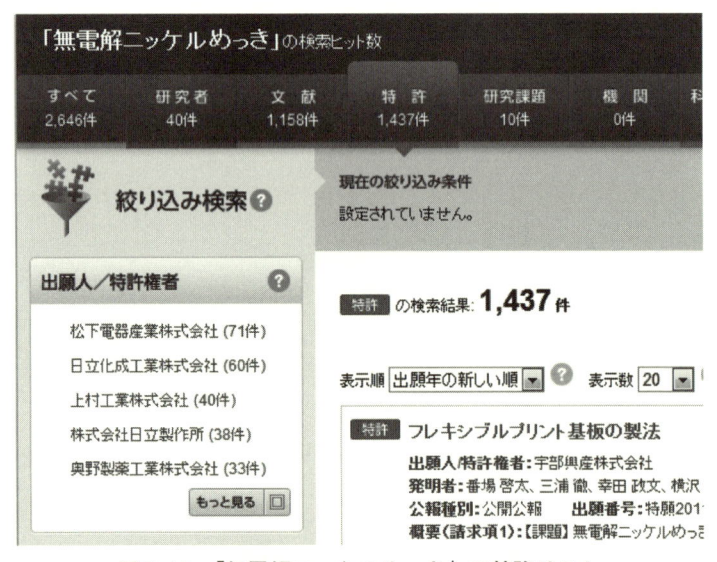

図7-15　「無電解ニッケルめっき」の特許リスト

にめっき加工の発注先のめっき会社とめっき会社へめっき液を納入している会社とめっき設備会社との三者のサプライチェーンで検討すれば、「無電解ニッケルめっき皮膜」の品質向上とコスト・ダウンが可能である。この教科書的手法を成功させなければグローバルな競争には勝てない。

7.4 シーズ志向の技術開発事例（その1）

「検討課題は限定しないが、より環境負荷が小さくてめっき技術で、コスト・ダウンになり、新規事業展開にもつながるめっき技術の開発をする必要が

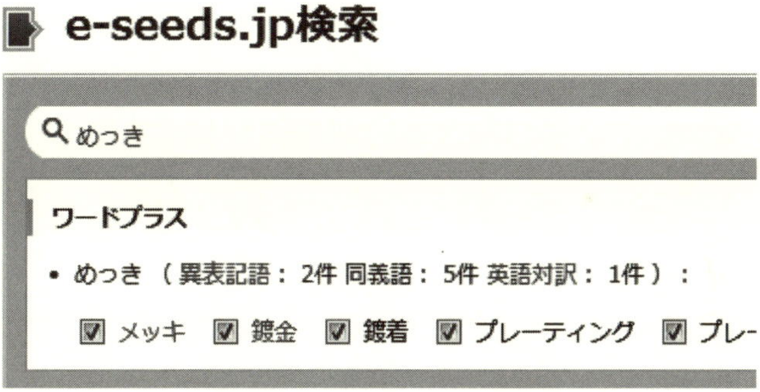

図7-16　キーワード入力画面

表7-1　「めっき」で検出された情報リストの一部分

No.	タイトル
1	3次元LSI貫通ビアホールの形成に向けた無電解銅めっき技術
2	3次元LSI貫通ビアホールの形成に向けた無電解銅めっき技術
3	ナノ複合めっき技術
4	フッ素化誘導改質による樹脂上への高密着めっき実現
5	磁性めっき線を用いた磁気センサの測定範囲の拡大と電気機器…

●第7章　ニーズ志向の技術開発とシーズ志向の技術開発

ある」との仮想のテーマにどのようにチャレンジするか？　事例（その1）として、先行技術の調査事例を示す。

「e-seeds.jp」のデータベースに検索キーワードとして「めっき」を入力したら、23件の情報リストがあったので、キーワード入力画面と検出リストの一部分を**図7-16**と**表7-1**に示す。

「e-seeds.jp検索」のキーワードとして、「表面処理」を入力したら、685件の研究テーマがリストされていた。このリストの一部分を**表7-2**に示す。

表7-2　「表面処理」で検出された情報リストの一部分

No.	タイトル
1	**表面処理**によるチタン材の高機能化　高機能性チタン材
2	プラズマ重合による各種材料の**表面処理**技術　プラズマ重合による…
3	環境負荷を考慮したマグネシウム材料の**表面処理**法
4	大気圧プラズマによる**表面処理**機構とその応用
5	骨適合性 Ti および Zr 材料を簡便に製造できる新**表面処理**技術

7.5　シーズ志向の技術開発事例（その2）

最近の技術展示会や技術講演会、技術雑誌では**表7-3**のテーマが話題になっている。これらのテーマと「めっき技術」のコラボレーションにチャレンジしてみたらいかがであろうか？　この試みについて、「近未来表面処理技術」と「めっき」の組み合わせキーワードによる特許検索を行った。特許件数と直近5件の特許リストを以下に示す。

7.5 シーズ志向の技術開発事例（その2）

表7-3　一部分の会社で実施されだした近未来表面処理技術の事例

● プラズマ電解酸化法による表面処理	● 電解水による表面処理
● ダイヤモンド・ライク・カーボン法による表面処理	● プリンタブルエレクトロニクス法による表面処理
● 大気圧プラズマ法による表面処理	● 水中プラズマ法による表面処理
● 超臨界流体法による表面処理	● 液相析出法による表面処理
● 炭素めっき法による表面処理	● 乾式と湿式の組み合わせによる表面処理

（1）「プラズマ電解酸化法」と「めっき」による表面処理

ヒット件数4件である。

項番	公報番号	発明の名称
1	特開2009-185331	表面光沢性マグネシウム成形品
2	特開2009-046707	電子機器用マグネシウム製筐体部品および電子機器用マグネシウム製筐体
3	特表2008-527733	電力基板
4	米抄2009/0223829	マイクロアークを使用する無電解めっき法

（2）「電解水」と「めっき」による表面処理

ヒット件数87件の一部分を以下に示す。

項番	公報番号	発明の名称
1	特開2012-206110	電解水の製造装置
2	特開2012-111622	コンベヤベルトの製造方法、および、コンベヤベルト
3	特開2012-052169	電解用電極、この電解用電極を備えた電解水生成装置、この電解水生成装置を備えた除菌装置、および電解用電極の製造方法
4	特開2011-246735	超音波洗浄装置
5	特開2011-171423	フレキシブルプリント配線板の製造方法

(3)「ダイヤモンド・ライク・カーボン法」と「めっき」による表面処理

ヒット件数360件の一部分を以下に示す。

項番	公報番号	発明の名称
1	特開2012-230970	蓄電装置の電極用金属箔およびその製造方法、並びに蓄電装置
2	特開2012-163118	組合せピストンリング
3	特開2012-158783	アルミニウム―ダイヤモンド系複合体およびその製造方法
4	特開2012-154964	パターン付ロールおよびその製造方法
5	特開2012-063509	画像加熱装置

(4)「大気圧プラズマ法」と「めっき」による表面処理

ヒット件数25件の一部分を以下に示す。

項番	公報番号	発明の名称
1	特開2012-062543	誘電体基材表面の触媒フリー金属化方法および金属膜付き誘電体基材
2	特開2011-058117	表面親水化高強力繊維糸の製造方法
3	特開2011-054295	固体高分子形燃料電池用ガス拡散層材料
4	特開2010-258205	有機光電変換素子の製造方法および該製造方法により製造された有機光電変換素子
5	特開2010-156022	誘電体基材表面の触媒フリー金属化方法および金属膜付き誘電体基材

(5)「水中プラズマ法」と「めっき」による表面処理

ヒット件数1件である。

項番	公報番号	発明の名称
1	特表2007-508918	水中プラズマ放電を用いたイオン水生成装置

7.5 シーズ志向の技術開発事例（その2）

（6）「超臨界流体法」と「めっき」による表面処理

ヒット件数72件の一部分を以下に示す。

項番	公報番号	発明の名称
1	特開2012-243786	セラミック電子部品の製造方法
2	特開2012-004544	セラミック電子部品の製造方法
3	特開2011-058117	表面親水化高強力繊維糸の製造方法
4	特開2010-106316	導電性繊維の製造方法
5	特開2010-100934	導電性高強力繊維糸およびその製造方法

（7）「液相析出法」と「めっき」による表面処理

ヒット件数7件の一部分を以下に示す。

項番	公報番号	発明の名称
1	特開2008-240140	耐腐食疲労特性に優れたゴム製品補強用鋼線およびその製造方法
2	特開2005-277118	微細構造キャパシタおよびその製造方法、高密度記録媒体およびその製造方法
3	特開2005-148416	偏光光学素子およびその連続的製造方法、並びに該偏光光学素子を使用した反射光学素子
4	特開2003-051463	金属配線の製造方法およびその方法を用いた金属配線基板
5	特開2001-032086	電気配線の製造方法および配線基板および表示装置および画像検出器

（8）「炭素めっき法」と「めっき」による表面処理

ヒット件数2件である。

項番	公報番号	発明の名称
1	米抄2006/0275635	冷却剤を塩水とともに使用して空気から水素ガスを生成することによる水素燃料電池に対する自己捕捉凝縮

| 2 | 米抄005421969 | 改善された溶融性とメッキ性を持つ表面処理鋼板とその製造方法 |

（9）「プリンタブルエレクトロニクス法」と「めっき」による表面処理

ヒット件数0件である。

（10）「オゾン処理」と「めっき」による表面処理

ヒット件数71件の一部分を以下に示す。

項番	公報番号	発明の名称
1	特開2012-052214	オゾン水処理を用いたシンジオタクチックポリスチレン系樹脂の樹脂めっき処理方法
2	特開2012-044062	回路基板およびその製造方法、銅箔の形成方法
3	特開2011-240993	だし素材入り調味液用ダブルパック包装体および包装構造体
4	特開2011-148538	フィルム状逆止ノズルおよびフレキシブル包装袋
5	特開2011-127155	オゾン水処理を用いた樹脂めっき処理方法

（11）「紫外線照射」と「めっき」による表面処理

ヒット件数327件の一部分を以下に示す。

項番	公報番号	発明の名称
1	特開2012-125946	パターン形成体およびパターン形成体を用いた複製方法
2	特開2012-060042	成膜方法、半導体装置およびその製造方法、並びに基板処理装置
3	特開2012-049541	印刷回路基板製造用のレジスト塗布装置
4	特開2012-036339	樹脂組成物、樹脂硬化物、配線板および配線板の製造方法
5	特開2012-036338	樹脂組成物、樹脂硬化物、配線板および配線板の製造方法

(12) 「プラズマ照射」と「めっき」による表面処理

ヒット件数50件の一部分を以下に示す。

項番	公報番号	発明の名称
1	特開2012-233038	表面改質フッ素樹脂フィルム、その製造方法、その製造装置、表面改質フッ素樹脂フィルムを含む複合体およびその製造方法
2	特開2011-100846	2層フレキシブル基板とその製造方法、2層フレキシブル配線板とその製造方法並びにプラズマ処理装置
3	特開2011-063855	無電解めっき素材の製造方法
4	特開2011-032508	配線基板プラズマ処理装置および配線基板の製造方法
5	特開2011-023509	半導体装置の製造方法、および、これに用いる半導体製造装置

(13) 「レーザ照射」と「めっき」による表面処理

ヒット件数430件の一部分を以下に示す。

項番	公報番号	発明の名称
1	特開2012-222224	光結合装置
2	特開2012-190858	配線基板の製造方法
3	特開2012-181933	酸化物超電導線材およびその製造方法
4	特開2012-138414	チップ形コンデンサおよびその製造方法
5	特開2012-115876	レーザ溶接方法

(14) 「前処理法」と「めっき」による表面処理

ヒット件数33件の一部分を以下に示す。

項番	公報番号	発明の名称
1	特開2007-308779	めっき前処理法および鉛含有銅合金製水道用器具
2	特開2004-323931	銅メッキ溶液、銅メッキ用前処理溶液、およびそれらを用いた銅メッキ膜とその形成方法

3	特開2003-286578	めっき前処理法およびめっき皮膜を有する複合材
4	特開2003-239100	水素脆性防止のメッキ処理法
5	特開2002-256442	無電解めっき法、非導電性物質、リサイクル方法

(15) 「後処理」と「めっき」による表面処理

ヒット件数637件の一部分を以下に示す。

項番	公報番号	発明の名称
1	特開2012-251182	化学処理装置、めっき装置およびその装置を用いためっき処理方法
2	特開2012-206148	プロジェクション溶接方法
3	特開2012-206001	塗装用型および塗装用型の製造方法および塗装用型を用いた塗装方法
4	特開2012-137813	品質予測装置、品質予測方法、プログラムおよびコンピュータ読み取り可能な記録媒体
5	特開2012-136783	無電解めっき装置、無電解めっき方法およびコンピュータ読取可能な記憶媒体

7.6 まとめ

国内外で「化学リスクの評価と管理」が話題になっている、この状況を踏まえてのめっき技術の開発は**図7-18**に集約される。

7.6 まとめ

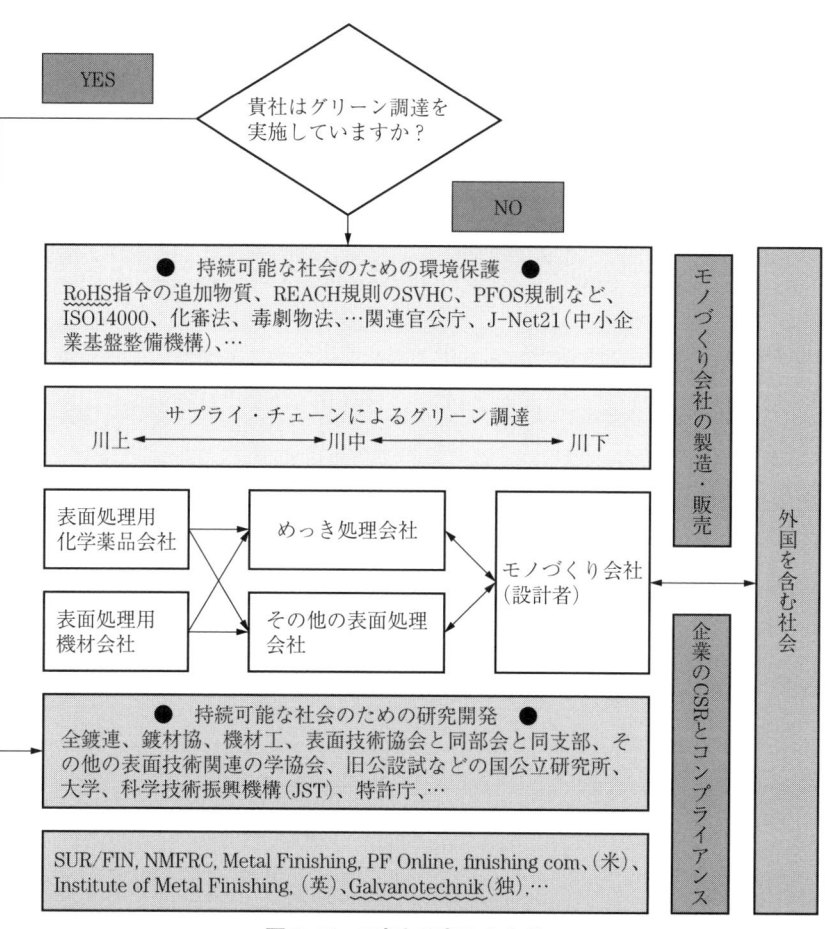

```
                    ┌─────────────────┐
                    │ 貴社はグリーン調達を │
         YES        │ 実施していますか？  │
                    └─────────────────┘
                              │
                             NO
                              ↓
┌─────────────────────────────────────────┐
│   ● 持続可能な社会のための環境保護 ●       │
│ RoHS指令の追加物質、REACH規則のSVHC、PFOS規制など、│
│ ISO14000、化審法、毒劇物法、…関連官公庁、J-Net21（中小企│
│ 業基盤整備機構）、…                         │
└─────────────────────────────────────────┘

┌─────────────────────────────────────────┐
│       サプライ・チェーンによるグリーン調達    │
│    川上 ←――――― 川中 ←――――→ 川下         │
└─────────────────────────────────────────┘
```

- 表面処理用化学薬品会社
- 表面処理用機材会社
- めっき処理会社
- その他の表面処理会社
- モノづくり会社（設計者）

```
┌─────────────────────────────────────────┐
│   ● 持続可能な社会のための研究開発 ●       │
│ 全鍍連、鍍材協、機材工、表面技術協会と同部会と同支部、そ│
│ の他の表面技術関連の学協会、旧公設試などの国公立研究所、│
│ 大学、科学技術振興機構（JST）、特許庁、…       │
└─────────────────────────────────────────┘

┌─────────────────────────────────────────┐
│ SUR/FIN, NMFRC, Metal Finishing, PF Online, finishing com、(米)、│
│ Institute of Metal Finishing、(英)、Galvanotechnik(独)、…      │
└─────────────────────────────────────────┘
```

右側縦書き：モノづくり会社の製造・販売／企業のCSRとコンプライアンス／外国を含む社会

図7-18　6章と7章のまとめ

■ 索　引 ■

英字・数字

2層めっき	87
CSR	141
CSR調達	141
M比	55
PRTR	142
REACH	132, 143
RoHS	132
R比	57

あ　行

穴埋めめっき	97
イオン化傾向	82
色ムラ	96
液相析出法	157
欧州化学物質規制	128
オゾン処理	158

か　行

がま肌	112
環境コミュニケーション	133, 135
環境リスク	133
乾式製膜技術	8
逆電処理	69
キリンス	18
銀鏡反応	64
くもり	96
グリーン調達	138
クロメート処理	53

さ　行

再結晶	102
サプライチェーン	140
ザラつき	96
シーズ志向	153
紫外線照射	158
持続可能な社会	148
水中プラズマ法	156

索 引

すず引き	50
ストライクめっき	34
製品含有化学物質規制	128
精密電鋳	100
潜伏期間	108
素地金属	78

た 行

大気圧プラズマ法	156
ダイヤモンド・ライク・カーボン法	156
炭素めっき法	157
超臨界流体法	157
電解水	155
トリニッケルめっき	45

な 行

鉛混入	96
鉛フリーはんだ	91
ニーズ志向	151

は 行

ハーメチックシール	99

バイポーラ現象	44
バリア層	118
バレルめっき	13
はんだめっき	91
半導体の銅配線	97
微摺動摩耗	112
ひっかけ治具	13
皮膚にかぶれ	101
プラズマ照射	159
プラズマ電解酸化法	155

や 行

焼付けめっき	9
有効面	85
溶融めっき	8

ら 行

リスクコミュニケーション	143
リスク評価	143, 145
レーザ照射	159

わ 行

ワット浴	40

------- 著者紹介 -------

榎本　利夫（えのもと　としお）

1932年　東京生まれ
1952年　都立化学高等学校工業化学科卒
1955年　芝浦工業専門学校工経科化学専攻卒
職歴
㈱リコー、王子職業訓練校メッキ科講師、安川工業㈱技師長、東洋理化学研究所所長、などを経て、現在富士セイラ㈱顧問

佐藤　敏彦（さとう　としひこ）

1937年　神奈川県横須賀市生まれ
1966年　東北大学大学院工学研究科博士課程修了。工学博士
職歴
芝浦工業大学講師、助教授、教授、名誉教授を経て、アルミ表面技術相談所を設立

設計者のための実用めっき教本　　　　　　　　NDC 566.78
2013年6月21日　初版1刷発行　　　　　（定価は、カバーに表示してあります）

　　　　　　　　　　　©著　者　榎　本　利　夫
　　　　　　　　　　　　　　　　佐　藤　敏　彦
　　　　　　　　発行者　井　水　治　博
　　　　　　　　発行所　日　刊　工　業　新　聞　社
　　　　　　　　　　　東京都中央区日本橋小網町 14-1
　　　　　　　　　　　　　（郵便番号　103-8548）
　　　　　　　　電　話　書籍編集部　03-5644-7490
　　　　　　　　　　　　販売・管理部　03-5644-7410
　　　　　　　　　　　　Ｆ Ａ Ｘ　　　03-5644-7400
　　　　　　　　振替口座　00190-2-186076
　　　　　　　　URL　　http://pub.nikkan.co.jp/
　　　　　　　　e-mail　info @ media.nikkan.co.jp

　　　　　　　　印刷・製本　美研プリンティング

落丁・乱丁本はお取り替えいたします。　　2013 Printed in Japan
ISBN978-4-526-07087-7　C 3057
Ⓡ〈日本複写権センター委託出版物〉
本書の無断複写は、著作権法上での例外を除き、禁じられています。